怕！超巨大滅絶生物圖鑑

田中源吾 監修

瑞昇文化

duction Introduction Introduction

目錄

Contents

第2章 中生代

第3章 新生代

序言

地球誕生後約46億年；生命誕生後約40億年，在這段浩瀚的時間長河中，生物多種多樣地演化增加同伴，但過程中也有些物種消失滅絕。

在這些古生物當中，存在著許多令人難以置信的龐然大物，如30公尺高的恐龍、15公尺長的魚類、70公分長的蜻蜓等，本書的主角就是這些超巨大的古代生物們。

閱讀本書的同時，務必想像古代生物們的大小，大家肯定能夠體會到至今未曾有過的驚奇。

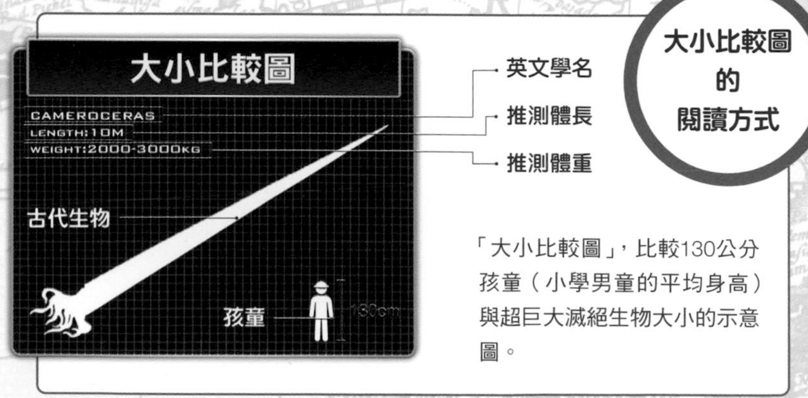

「大小比較圖」，比較130公分孩童（小學男童的平均身高）與超巨大滅絕生物大小的示意圖。

※本書也收錄了無脊椎動物（沒有背脊的動物），但這些生物的體重不明，畢竟從化石無法得知甲殼厚度、軟體部位密度，即便到了現代仍然無法推測體重。

第1章 古生代

約5億4100萬年前～約2億5190萬年前

此時期的生物大多棲息於海洋中，不久植物登陸後，昆蟲、爬蟲類也跟著開始出現！

10m

4.6m

6m

55cm

筆直得不像話

房角石

棲息年代 4億5000萬 4億 3億5000萬 3億 2億5000萬 2億（年前） ➡現代

古生代 中生代 新生代

奧陶紀的海中王者

驚奇度 S·A·B·C **S**

小知識

雖然鸚鵡螺的名字有「螺」這個字，但跟章魚、烏賊同屬頭足綱家族。雖然感覺一點都不像，但在很久以前，章魚、烏賊其實也帶有背殼。

生物資料

學名	Cameroceras	棲息年代	古生代奧陶紀
棲息地	中國、美國、英國、西班牙等	分類	軟體動物門 頭足綱
體長	10m	體重	2000～3000kg
愛好	三葉蟲		

房角石是棲息於現代深海的鸚鵡螺同伴，但相對於鸚鵡螺的螺殼彎曲，房角石的背殼如同所見相當筆直，而且推測可長達10公尺。在當時的海洋中，房角石屬於最大級的生物，不存在天敵。

背殼中劃分為幾個空間，藉由調節各空間中的液體在海中沉浮。

不過，這背殼也太長了吧，因為背殼過長的關係，因此只能筆直前進，想要向後轉根本就是不可能的任務。身軀龐大到這種程度，甚至有些學者認為，房角石可能沉在海底幾乎不動。

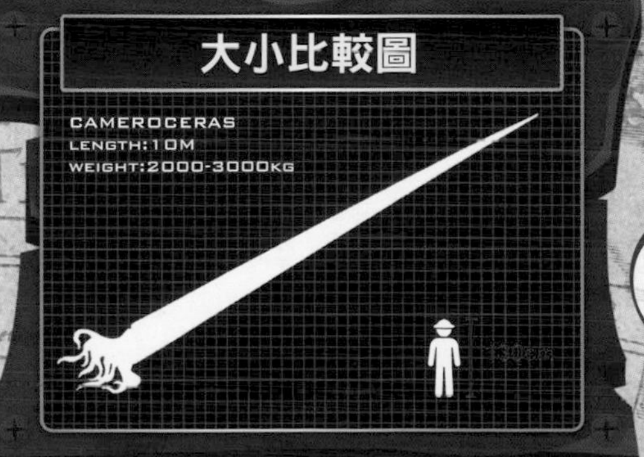
大小比較圖
CAMEROCERAS
LENGTH:10M
WEIGHT:2000-3000KG

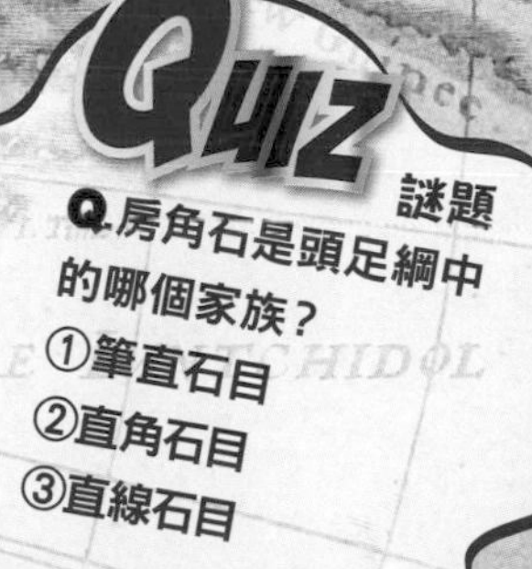
QUIZ
謎題
Q.房角石是頭足綱中的哪個家族？
①筆直石目
②直角石目
③直線石目
答案在下一頁

志留紀是我們的黃金時代

翼鱟

棲息年代 4億5000萬 4億 3億5000萬 3億 2億5000萬 2億（年前） ➡現代

用巨大的螯鉗夾住獵物

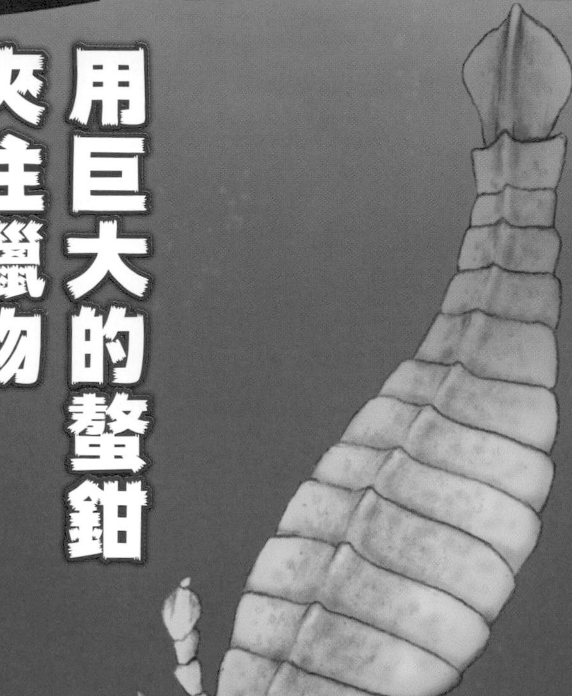

驚奇度 S‧A‧B‧C B

小知識

板足鱟（Eurypterida，又稱海蠍）是否為蠍子的祖先不明，但外觀如此相像，十分有可能是板足鱟登陸後，演化成現代的蠍子。

答案 ②直角石目 屬於頭足綱中的直角石目家族。

生物資料

學名	Pterygotus	棲息年代	古生代志留紀～泥盆紀
棲息地	北美、歐洲、俄羅斯、烏克蘭等	分類	節肢動物門 螯肢亞門
體長	2m	體重	？kg
食性	肉食性		

長達2公尺的身軀長著巨大的螯鉗，由方便穩定姿勢的扁平尾巴，可知牠們也擅長游泳。除此之外，1對大眼加上1對小眼共有4隻眼睛，想必視野非常寬廣吧。

對當時生存於同一片海域的生物們來說，游泳快速、身軀龐大有力的存在根本就是犯規。「我長到10公分了唷！」「我可是長到15公分耶！」當大家彼此炫耀時，根本防不了帶著螯鉗的2公尺怪物襲擊。

不僅只翼鱟，當時的海洋是由板足鱟目的同伴所支配，這個黃金時代持續到魚類進化為止。

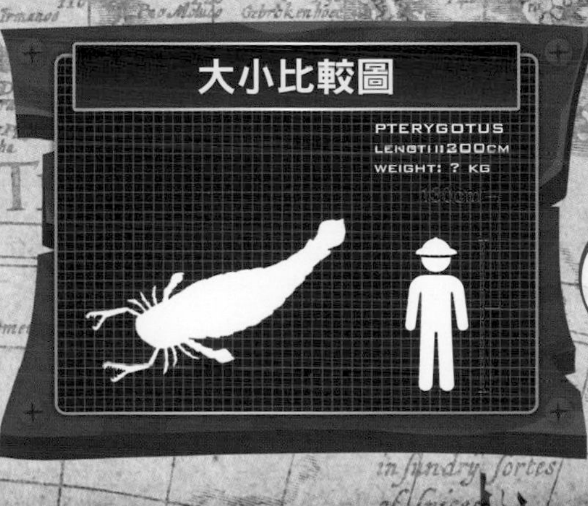
大小比較圖
PTERYGOTUS
LENGTH:200CM
WEIGHT: ? KG

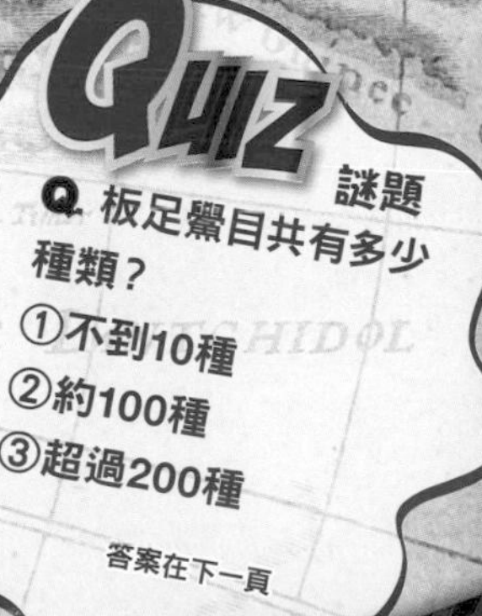
QUIZ
謎題
Q. 板足鱟目共有多少種類？
①不到10種
②約100種
③超過200種
答案在下一頁

節胸蜈蚣

棲息年代　4億5000萬　4億　3億5000萬　3億　2億5000萬　2億（年前）→現代

驚奇度 S·A·B·C

S

身軀龐大
卻不擅長打架

小知識

除了本體的化石之外，糞便、足跡化石也是重要的資訊來源。由節胸蜈蚣的糞便化石發現植物碎屑，推測牠們可能是草食性動物。

答案　③超過200種　全世界已經發現超過200種。

生物資料

學名	Arthropleura	棲息年代	古生代石炭紀～二疊紀
棲息地	北美、歐洲	分類	節肢動物門 多足綱
體長	2.3m	體重	?kg
食性	草食性		

若是有「噁心昆蟲排行榜」的話，蜈蚣肯定名列前幾名吧。即便平時溫柔的母親，看到蜈蚣也會一反常態大叫：「誰來把牠打死！」

在石炭紀，存在名為節胸蜈蚣的巨大蜈蚣，推測體長超過2公尺。倘若討厭蜈蚣的母親看到牠們，肯定整個人直接暈過去吧。石炭紀的氧氣濃度遠高於現今，是生物容易巨大化的環境。

然而，跟現代蜈蚣不同，節胸蜈蚣是草食性動物。牠們行動遲緩，推測也會捕食比自己小型的爬蟲類。

大小比較圖
180cm
ARTHROPLEURA
LENGTH:230CM
WEIGHT: 7 KG

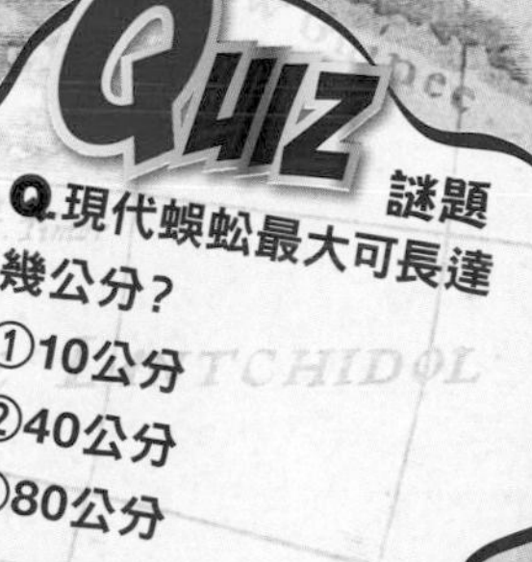
QUIZ
謎題
Q.現代蜈蚣最大可長達幾公分？
①10公分
②40公分
③80公分
答案在下一頁

如同鱷魚般瞄準獵物

始巨鱷

古生代
中生代
新生代

這個身軀只是想像圖

小知識

學者推測，鱷魚的祖先原鱷類出現於中生代三疊紀，據說棲息於北美等的原鱷（Protosuchus）是最古老的鱷魚。

答案 ②40公分 南美的祕魯巨人蜈蚣（Scolopendra gigantea）。

生物資料

學名	Eotitanosuchus	棲息年代	古生代二疊紀
棲息地	俄羅斯	分類	合弓綱 獸孔目
體長	2.5m	體重	?kg
食性	肉食性		

始巨鱷是棲息於二疊紀後期的迷樣古生物，會稱為迷樣是因為學者只找到頭骨，並不曉得身體的實際模樣。

根據頭骨細長、鼻孔位置偏高，推測牠們多生活於水中。上下顎長有13公分的長犬齒，始巨鱷似乎是使用長犬齒，如同鱷魚般潛在水中襲擊水邊的獵物。

雖說「不曉得身體是什麼模樣」，但這種頭也不可能接到吉娃娃身上，果然身體想像成鱷魚的模樣比較適合吧。

大小比較圖
EOTITANOSUCHUS
LENGTH:250CM
WEIGHT: ? KG
180cm

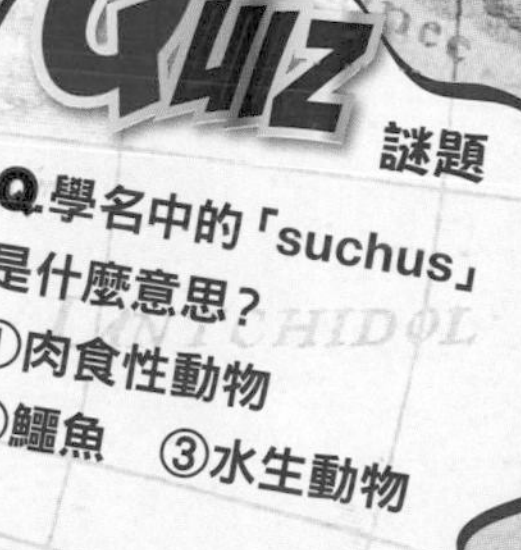
QUIZ
謎題
Q.學名中的「suchus」是什麼意思？
①肉食性動物
②鱷魚　③水生動物
答案在下一頁

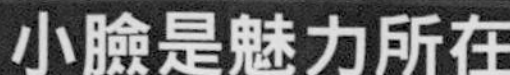

小臉是魅力所在

杯喙龍

棲息年代　4億5000萬　4億　3億5000萬　3億　2億5000萬　2億（年前）
→現代

古生代
中生代
新生代

這個圓胖模樣是有意義的

驚奇度
S·A·B·C
B

小知識

蜥臀目（Saurischia）出現於石炭紀後期，起初呈現如同蜥蜴般的外型。大部分的蜥臀目在二疊紀後期滅絕，當中的卡色龍科（Caseidae）是倖存到最後一刻的家族。

答案　②鱷魚　Eotitanosuchus意為「黎明的巨大鱷魚」。

生物資料

學名	Cotylorhynchus	棲息年代	古生代二疊紀
棲息地	美洲、義大利	分類	合弓綱 蜥臀目 卡色龍科
體長	3.5m	體重	2000kg
食性	草食性		

說得好聽一點是臉蛋小巧可愛，說得難聽一點是超級不協調，杯嗦龍是3.5公尺左右的身軀，加上小巧臉蛋的蜥臀類。

雖然體重推測重達2公噸，但牠們卻意外是素食主義者，龐大的身軀吞進大量植物後，似乎需要長時間的發酵才能夠消化。由於消化植物需要綿長的消化器官，所以草食性動物容易比肉食性動物還要圓胖，而具代表性的例子就是杯嗦龍。

另外，龐大的身軀除了不讓敵人靠近之外，據說也有助於保持體溫。

大小比較圖
COTYLORHYNCHUS
LENGTH:350CM
WEIGHT:2000KG

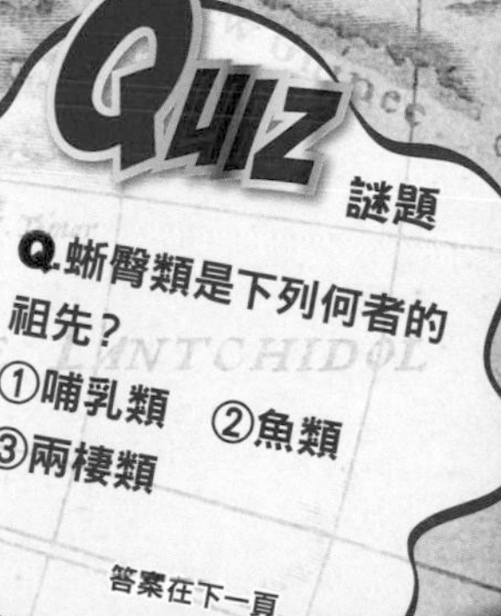
QUIZ
謎題
Q.蜥臀類是下列何者的祖先？
①哺乳類 ②魚類
③兩棲類
答案在下一頁

長有許多棘刺的巨大三葉蟲

巨型蟲

棲息年代 4億5000萬 4億 3億5000萬 3億 2億5000萬 2億（年前）→現代

古生代 中生代 新生代

驚奇度
S・A・B・C
B

能咬得下去的話就咬看看啊！

小知識

三葉蟲的身體分成正中間的「中葉」和左右的「側葉」三個部分，因具有三個「葉」而被稱為「三葉蟲」。

答案 ①哺乳類 蜥臂類先演化為獸孔類，再進一步演化成哺乳類。

生物資料

學名	Terataspis	棲息年代	古生代泥盆紀
棲息地	北美	分類	節肢動物門 三葉蟲綱
體長	60cm	體重	?kg
食性	肉食性		

泥盆紀是魚類大幅進化的時代，但對生活於同時代的三葉蟲來說，沒有比這更麻煩的情況了，轉眼間身邊盡是天敵。

魚類演化長出下顎，獲得咬合能力後，開始大量捕食三葉蟲。三葉蟲自滿的堅硬身軀，「嗯～真有嚼勁☆」魚類卻覺得酥脆可口。而且，三葉蟲本身沒有能夠反擊的武器。

三葉蟲殘留下來的生存手段，只剩下怎麼讓自己變得難以咬碎。比如，巨型蟲這種巨大三葉蟲身上長滿棘刺，用來保護自己遠離敵人。

QUIZ
謎題
Q.三葉蟲的繁榮時期持續了多久？
①1億年 ②2億年
③3億年
答案在下一頁

小心我刺進去哦

混足鱟

棲息年代 4億5000萬 4億 3億5000萬 3億 2億5000萬 2億（年前）→現代

古生代
中生代
新生代

用尾巴的毒針捕獲獵物

驚奇度 S·A·B·C
C

小知識

在板足鱟當中，存在從淺海遷移至淡水域的物種。從步行海岸的足跡化石來看，似乎也有短時間登陸的物種。

答案 ③3億年　三葉蟲繁盛了3億年的漫長歲月。

生物資料

學名	Mixopterus	棲息年代	古生代志留紀～泥盆紀
棲息地	中國、美國、歐洲	分類	節肢動物門 螯肢亞門
體長	1m	體重	?kg
食性	肉食性		

混足鱟是支配志留紀海洋的板足鱟類同伴，雖然體型沒有同屬板足鱟類的翼鱟那麼大，但推測尾部如同現代蠍子長有毒針。

毒針具有多少殺傷力呢？使用得意的尖針一擊斃命眼前的魚類，這不是宛若技術高超的漁師嗎？

長著尖刺的前肢、步行用的腳肢、游泳用的腳肢等，混足鱟具有三種類型的腳肢，但不太擅長游泳，似乎多是以步行來移動。實際上，牠們的足跡化石也已經被發現。

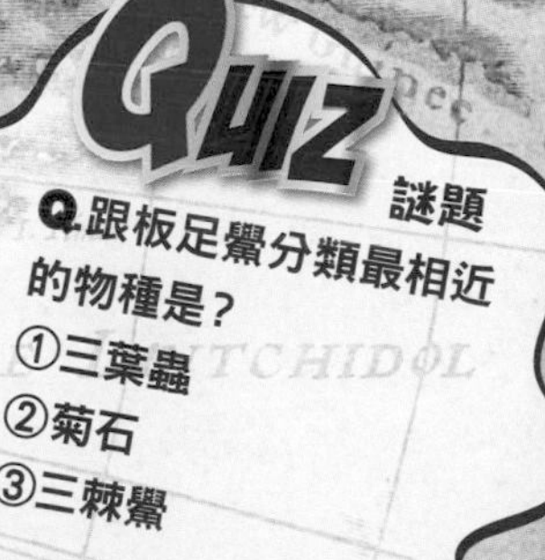

QUIZ
謎題
Q.跟板足鱟分類最相近的物種是?
①三葉蟲
②菊石
③三棘鱟
答案在下一頁
KEEP OUT KEEP OUT

蜻蜓的眼睛彷彿巨大的眼鏡

巨脈蜻蜓

古生代
中生代
新生代

70公分的巨無霸蜻蜓

驚奇度
S·A·B·C
A

小知識

石炭紀的確是節肢動物門巨大化的時代，但並非全部都非常大隻，也有許多如同現代大小的蜻蜓。

答案 ③三棘鱟 與板足鱟同樣屬於螯肢亞門。

生物資料

學名	Meganeura	棲息年代	古生代石炭紀
棲息地	法國	分類	昆蟲鋼 蜻蜓目
體長	70cm	體重	?kg
食性	肉食性		

無霸鉤蜓（Anotogaster sieboldii）是棲息於當今日本的最大型蜻蜓，展翅後寬約13公分，甚至還會捕食虎頭蜂。

然而，在石炭紀存在比無霸鉤蜓還要大型的蜻蜓同伴，牠們叫作巨脈蜻蜓，是被稱為「史上最大的昆蟲」的原始蜻蜓。

展翅後寬約70公分，大到不會有人想讓其停留於肩膀上。不過，據說牠們不像現今的蜻蜓振翅高飛，而是乘著風滑翔天際。

在氧氣比今日還要濃厚的石炭紀，存在許多像這樣巨大化的節肢動物，同時也有眾多作為巨大昆蟲棲所的大型森林。

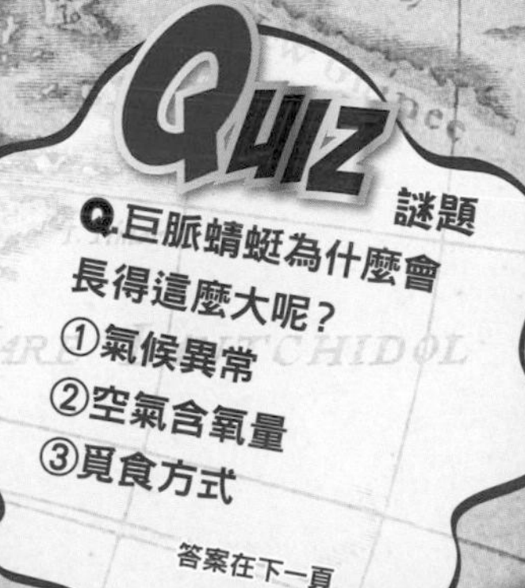

QUIZ
謎題
Q 巨脈蜻蜓為什麼會長得這麼大呢？
①氣候異常
②空氣含氧量
③覓食方式
答案在下一頁

一點都不虛無縹緲的蜉蝣

古網翅蜉蝣

棲息年代 4億5000萬 4億 3億5000萬 3億 2億5000萬 2億（年前）→現代

古生代 中生代 新生代

驚奇度 S・A・B・C **B**

包含尾角的長度可超過1公尺

小知識

蜉蝣成蟲的生命轉瞬即逝，在海外甚至被稱為「虛無縹緲的昆蟲」，但包含幼蟲時代在內的壽命長約1年，就昆蟲來說相當長壽。

答案 ②空氣含氧量 含氧量高的環境容易使生物巨大化。

生物資料

學名	Mazothairos	棲息年代	古生代石炭紀
棲息地	美國	分類	昆蟲綱 蜉蝣目?
體長	55cm	體重	?kg
愛好	樹汁		

蜉蝣這種昆蟲長為成蟲後，可能完全不進食在短短一天之內就死亡，多麼虛無縹緲的生命啊。

古網翅蜉蝣是生存於很久以前的蜉蝣同伴，雖然現代的蜉蝣是小型昆蟲，但古網翅蜉蝣展翅後寬可超過50公分。另外，牠們似乎也長有尾角，包含尾角在內的長度可超過1公尺。

這般姿態與其說是虛無縹緲，倒不如說是頑強不屈，推測古網翅蜉蝣長為成蟲後，仍舊會繼續吸食樹液、花粉，至少不會在1天之內就死亡。

大小比較圖
MAZOTHAIROS
LENGTH:55CM
WEIGHT: ? KG

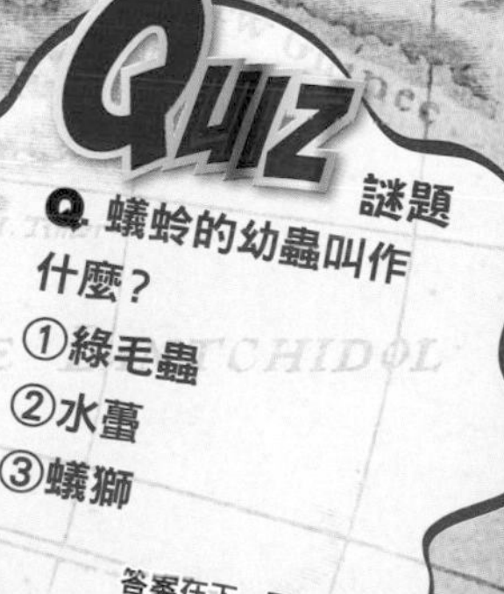
QUIZ
謎題
Q 蟻蛉的幼蟲叫作什麼?
①綠毛蟲
②水蠆
③蟻獅
答案在下一頁

麝足獸

棲息年代 4億5000萬 4億 3億5000萬 3億 2億5000萬 2億（年前）
→現代

古生代
中生代
新生代

小知識

獸孔目家族據說是我們哺乳類的祖先，起初呈現如同蜥蜴般的姿態，但後來長出體毛、轉為直立行走等，逐漸演化出哺乳類的特徵。

遇到競爭對手以頭槌一決勝負！

驚奇度
S·A·B·C
B

答案 ③蟻獅 蟻獅是蟻蛉的幼蟲名稱。

學名	Moschops	棲息年代	古生代二疊紀
棲息地	南美	分類	合弓綱 獸孔目 堅頭類
體長	3m	體重	130kg
食性	草食性		

麝足獸是推測最大可達3公尺的巨大堅頭類（Stegocephalia），除了巨大的特徵之外，頭骨也非常厚實。

當牠們遇到競爭對手時，可能是以頭槌一決勝負吧。如同雄山羊用頭角互撞爭鬥，學者推測麝足獸具有類似的習性。

另外，就頭骨的形狀來看，牠們行走時鼻尖似乎是朝著地面。這宛若人間界「低頭滑手機走路」的姿勢，頭容易不小心撞到別人起爭執，所以好孩子不可以模仿牠們喲。

謎題

Q.麝足獸的頭骨厚度有幾公分？

①最大3公分

②最大5公分

③最大10公分

答案在下一頁

不要把我跟爬蟲類搞混了

鋸齒螈

古生代
中生代
新生代

史上最大的兩棲類

驚奇度 S・A・B・C
A

小知識

相較於爬蟲類，兩棲類少有巨大化的生物。即便如此，棲息於白堊紀被稱為「史上第二大的兩棲類」的酷拉龍（Koolasuchus），體長也有5公尺左右。

答案 ③最大10公分 具有宛若頭盔形狀的頭骨。

生物資料

學名	Prionosuchus	棲息年代	古生代二疊紀
棲息地	巴西	分類	兩棲綱 斷椎目
體長	9m	體重	2000kg
食性	肉食性		

外觀近似鱷魚，但相對於鱷魚為爬蟲類，鋸齒螈是兩棲類動物。然而，除了外觀之外，潛伏在水邊等待獵物等，也具有許多與鱷魚相似的特徵。

鋸齒螈的體長推測有9公尺，就兩棲類來說超級巨大，光頭部就有1.6公尺，比現代最大兩棲類的大山椒魚（最大1.5公尺）還要龐大。

鋸齒螈具有別名「史上最大的兩棲類」，但學名Prionosuchus意為「鋸齒鱷魚」，果然是因為像是爬蟲類的緣故吧。

謎題

Q.最早出現在地球上的是？

①兩棲類　②爬蟲類

③兩者幾乎同一時期

答案在下一頁

石炭紀最大的動物

始螈

棲息年代 4億5000萬 4億 3億5000萬 3億 2億5000萬 2億（年前）

→ 現代

古生代

中生代

新生代

驚奇度

S·A·B·C

B

不怎麼使用手腳

小知識

生物們從海洋向陸地發展後，有些物種又返回水中生活，始螈就是其中之一，身體上殘留繼承自陸生祖先的特徵。

答案 **①兩棲類** 先演化出兩棲類，之後才出現爬蟲類。

生物資料

學名	Eogyrinus	棲息年代	古生代石炭紀
棲息地	英國、加拿大	分類	兩棲綱 楔錐目
體長	4.6m	體重	?kg
食性	肉食性		

「快看、快看，這個小巧的手手！好可愛！」雖然會讓人感到相當興奮，但這只是圖片難以傳達大小感的緣故。始螈的體長推測有4.6公尺，在排除棲息於石炭紀的魚類中，被認為是最大的物種之一。

牠們棲息於河川、沼澤，如同所見手腳孱弱，但卻似乎擅長游泳。就其體型來看，應該是相當強力的捕食者才對。

分類上屬於兩棲類，但身體結構近似爬蟲類，可說是介於兩棲類與爬蟲類之間的動物。

大小比較圖
EOGYRINUS
LENGTH:460CM
WEIGHT: ? KG
180cm

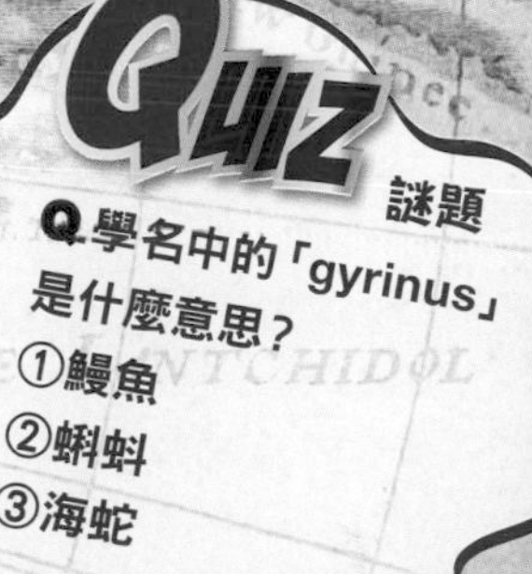
QUIZ
謎題
Q.學名中的「gyrinus」是什麼意思?
①鰻魚
②蝌蚪
③海蛇
答案在下一頁

從很久以前就會曬太陽的生物

基龍

棲息年代　4億5000萬　4億　3億5000萬　3億　2億5000萬　2億（年前）
➡現代

靠背部的帆調節體溫

驚奇度
S·A·B·C
B

小知識

蜉蝣成蟲的生命轉瞬即逝，在海外甚至被稱為「虛無縹緲的昆蟲」，但包含幼蟲時代在內的壽命長約1年，就昆蟲來說相當長壽。

答案　②蝌蚪　希臘語意為蝌蚪。

生物資料

學名	Edaphosaurus	棲息年代	古生代石炭紀～二疊紀
棲息地	北美、歐洲（德國、捷克）	分類	合弓綱 蜥臀目
體長	3.2m	體重	300kg以上
食性	草食性		

在寒冷的冬日早晨，會想要在棉被裡多待1秒鐘吧。對三番兩次來叫自己起床的母親，還反過來生氣：「為什麼沒有早點叫我起床！？」這可說是冬季常見的情景吧。

然而，變溫動物比我們人類還要辛苦，牠們的體溫會隨氣溫大幅度變化，天氣寒冷會造成體溫下降，使行動變得遲緩。

變溫動物之一的基龍，會利用背部的大「帆」來調解體溫。這個帆的真面目是背骨大幅度隆起的結構，寒冷時會轉向太陽來增進體溫；反之，炎熱時會迎風散熱來降低體溫。

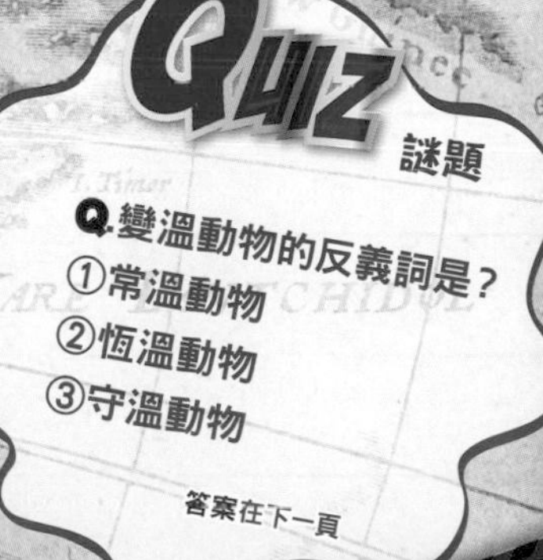

QUIZ
謎題
Q.變溫動物的反義詞是？
①常溫動物
②恆溫動物
③守溫動物
答案在下一頁

寒武紀的冠軍

奇蝦

棲息年代 5億5000萬 5億 4億5000萬 4億 3億5000萬 3億（年前）
➡ 現代

古生代 中生代 新生代

被盯上就完蛋了

驚奇度 S◂A◂B◂C
A

小知識

體長1公尺在本書中算是最小級，但當時的動物大部分僅有數公分。這樣想的話，奇蝦可說是超大型動物。

答案 ②恆溫動物 人類也是恆溫動物，能夠恆定地維持體溫。

生物資料

學名	Anomalocaris	棲息年代	古生代寒武紀
棲息地	加拿大、中國、美國、澳洲	分類	節肢動物門 放射齒目
體長	1m	體重	?kg
愛好	三葉蟲		

寒武紀是，世界各地海洋中的動物一口氣增加的時代。這個現象稱為「寒武紀大爆發」，成為地球史上的重大事件之一。

在這樣的寒武紀中，奇蝦是最強的捕食者，1公尺的身軀加上能夠捕捉獵物的粗觸角。在終於出現有眼動物的時代，奇蝦擁有高性能的複眼（多個眼睛的集合體）。對牠們來說，當時的海洋根本就是吃到飽的自助餐會場。

從動物們巨大化、開始長有眼睛的寒武紀，正式開始所謂的食物鏈，而奇蝦可說是食物鏈的「初代冠軍」。

QUIZ 謎題

Q.寒武紀大爆發使物種增加了多少倍？
①50倍 ②100倍
③超過100倍

答案在下一頁

古代的小強

原直翅蜚蠊

棲息年代　4億5000萬　4億　3億5000萬　3億　2億5000萬　2億（年前）

→ 現代

古生代　中生代　新生代

其真面目是蟑螂的祖先

驚奇度

S・A・B・C

A

小知識

蟑螂意外是愛乾淨的生物，總是會打理好外觀，體內也幾乎沒有病原菌。即便居住在骯髒的場所，也會時常清潔自己的身體。

答案　③超過100倍　原本僅有數十種的生物暴增超過1萬種。

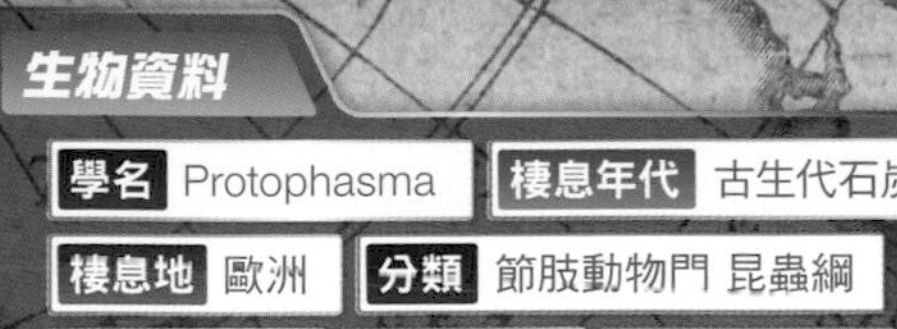

生物資料

學名	Protophasma	棲息年代	古生代石炭紀
棲息地	歐洲	分類	節肢動物門 昆蟲綱
體長	12cm	體重	?kg
愛好	小蟲子		

每到夏天，不曉得從哪竄出來的黑色小強，當今的存在感就已不容小覷，棲息於石炭紀後期的祖先卻更加顯眼。沒錯，牠們就是體長可達12公分的「巨大蟑螂」原直翅蜚蠊。

原直翅蜚蠊的特徵是小頭加上細長的身體，基本姿態跟現代蟑螂沒有太大的差別。從石炭紀後期，也就是3億前開始，牠們就以這個風格生存下來。

就地球上的生物來說，蟑螂是比人類還要更早的前輩，「再進化得可愛一點啦！」我們就別為難大前輩了。

大小比較圖
PROTOPHASMA
LENGTH:12CM
WEIGHT: ? KG
180cm
QUIZ
謎題
Q 原直翅蜚蠊也是下列何者的祖先？
①蚱蜢 ②竹節蟲
③蟋蟀
答案在下一頁
KEEP OUT KEEP OUT

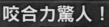

咬合力驚人！

胴殼魚

棲息年代 4億5000萬 4億 3億5000萬 3億 2億5000萬 2億（年前） ➡現代

古生代
中生代
新生代

一旦被咬住就掙脫不開

驚奇度 S·A·B·C A

小知識

過去曾經是最強物種的胴殼魚，也未能逃過泥盆紀末期的生物大滅絕，即便自身再怎麼強大有力，也敵不過環境的變化。

答案 ②竹節蟲 學者推測蟑螂和竹節蟲有著共通的祖先。

生物資料

學名	Dunkleosteus	棲息年代	古生代泥盆紀
棲息地	美國、摩洛哥、比利時	分類	盾皮魚綱 節甲魚目
體長	6m	體重	600kg以上
食性	肉食性		

魚類在過去沒有下顎，因而沒有辦法咬合，只能小口地吸食軟泥中的小生物。

邁入泥盆紀後，終於出現長有下顎的魚類。有了下顎就能夠咬住大獵物，過去性情溫順的魚類，演化成具有攻擊性的獵人，在泥盆紀展現全新的一面。爾後，魚類一口氣繁盛起來。

其中強而有力的胴殼魚雖然沒有牙齒，但口中具有尖銳的骨板，能夠迅速張開下顎，咬合力似乎媲美肉食性恐龍。

QUIZ 謎題

Q 學名的「Dunkle」是指什麼東西？
①頭的形狀　②人的名字
③棲息的地域

答案在下一頁

史上最大級的板足鱟

耶克爾鱟

棲息年代　4億5000萬　4億　3億5000萬　3億　2億5000萬　2億（年前）→現代

古生代　中生代　新生代

光螯鉗就有45公分

驚奇度 S·A·B·C **B**

小知識

板足鱟曾經是志留紀到泥盆紀的強大捕食者，但約在2億5000年前消失蹤影。在這個時期的大滅絕，推測將近95%的海洋生物消失蹤跡。

答案　②人的名字　取自古生物學家大衛·鄧克爾（David Dunkle）。

生物資料

學名	Jaekelopterus	棲息年代	古生代泥盆紀
棲息地	德國	分類	節肢動物門 螯肢亞門
體長	2.5m	體重	?kg
食性	肉食性		

即便帝王蟹很美味，「連同殼一起吃吧！」也少有人會這麼說。擁有堅硬外殼，意味著捕食者相對難以進食，外殼愈堅硬愈有利於存活下來。

代表古生代的三葉蟲（P18），就是特別強化「堅硬度」的生物。正因為有著保護自身的堅硬外殼，才得以造就過往的繁盛時期吧。

然而，對板足鱟來說，這樣的三葉蟲卻是很棒的獵物。其中最大級尺寸的耶克爾鱟，光是螯鉗就推測有45公分。如同鉗子般使用這對螯鉗的話，應該就能輕而易舉地夾碎三葉蟲的外殼。

QUIZ
謎題
Q.史上最小級的板足鱟有多長？
①5公分 ②15公分
③30公分
答案在下一頁

就連研究人員也大吃一驚

原杉藻菇

棲息年代 4億5000萬 4億 3億5000萬 3億 2億5000萬 2億（年前）
→現代

古生代
中生代
新生代

驚奇度
S-A-B-C
S

高達8公尺的巨無霸蘑菇

小知識

當時大部分的生物還生活於海洋中，地球上首度登陸棲息的巨大生物，可能就是這個原杉藻菇也說不定。

答案 ①5公分 已經發現約5公分大小的板足鱟。

生物資料

學名	Prototaxites	棲息年代	古生代志留紀～泥盆紀
棲息地	歐洲（比利時、英國、德國）、加拿大、美國	分類	真菌界
高度	8公尺		

自2007年發現後持續150年謎團重重的巨大化石，已經明白真面目是蘑菇。聽到巨大蘑菇，可能會聯想到帶著紅色帽子的馬力歐，但這不是吃了會巨大化的蘑菇。距今約3億5000萬年前，蘑菇本身曾經非常巨大。

這種蘑菇被命名為原杉藻菇，尺寸最大有8公尺，跟電線桿差不多高。即便是陸上尚未有大型動物的時代，這發育得也太過旺盛了吧。

經常聽到日本人說「松茸香味第一，鴻禧菇味道第一」，今後還可以加上「原杉藻菇數量第一」。

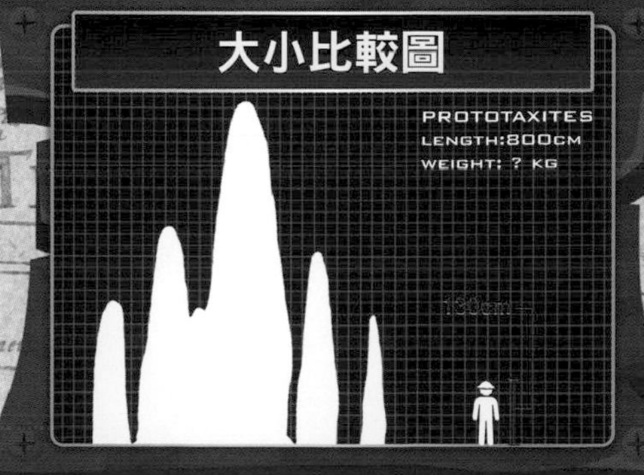

答案在下一頁

頭部長有冠狀物

冠鱷獸

棲息年代　4億5000萬　4億　3億5000萬　3億　2億5000萬　2億（年前）
→現代

古生代
中生代
新生代

突出是受歡迎的象徵？

小知識

冠鱷獸除了骨頭之外，也殘留下皮膚的化石，屬於非常罕見的例子。目前已知跟我們哺乳類一樣，牠們具有分泌汗水的腺體。

驚奇度
S·A·B·C
B

答案　**②4000～5000種**　包含尚未命名的蘑菇，推測棲息了4000～5000種。

生物資料

學名	Estemmenosuchus	棲息年代	古生代二疊紀
棲息地	俄羅斯	分類	合弓綱 獸孔目
體長	4.6m	體重	450kg
食性	草食性		

學名Estemmenosuchus意為「帶著冠狀物的鱷」，由於鼻子上方、臉頰側面、頭部頂端的骨頭隆起突出，因而得此名。

現代駝鹿和大角羊的雄性，頭上的犄角愈大代表愈受雌性歡迎，冠鱷獸的雄性可能也是以突出的骨頭來求偶吧。

「吶，最近遇到的那隻雄性怎麼樣？」「嗯——是不錯，但要是再突出一點就好了……」冠鱷獸的雌性之間，可能會這樣談論戀愛話題也說不定。

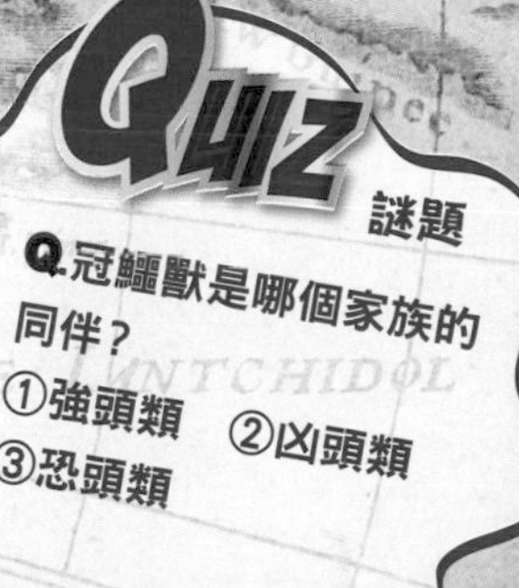

答案在下一頁

毒性不怎麼強勁？

普莫諾蠍

棲息年代　4億5000萬　4億　3億5000萬　3億　2億5000萬　2億（年前）
➡ 現代

古生代
中生代
新生代

史上最大級的蠍子

驚奇度
S◂A◂B◂C
A

生物資料
學名：Pulmonoscorpius
棲息年代：古生代石炭紀
棲息地：英國
分類：節肢動物門 螯肢亞門 蠍形目
體長：70cm　體重：?kg
食性：肉食性

普莫諾蠍過去棲息於節肢動物們巨大化的石炭紀，屬於蠍子的同伴，體長可達70公分。不過，蠍子的同伴大多是愈小隻毒性愈強，這樣想的話，普莫諾蠍的毒性可能不怎麼強勁。

大小比較圖

PULMONOSCORPIUS
LENGTH:70CM
WEIGHT: ? KG
180cm

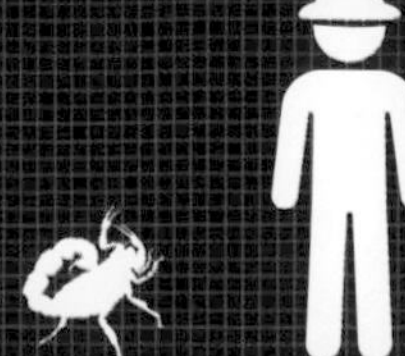

答案　③恐頭類　其他還有許多像麝足獸一樣頭骨厚實的物種。

我想要成為巨大的貝殼

鹿間貝

棲息年代 4億5000萬 4億 3億5000萬 3億 2億5000萬 2億（年前） ➡ 現代

驚奇度 S·A·B·C **C**

超過1公尺的巨大雙殼貝

生物資料

學名：Shikamaia
棲息年代：古生代二疊紀
棲息地：日本、馬拉西亞、阿富汗
分類：軟體動物門 雙殼綱
體長：1m **體重：**10kg以上
食性：濾食性

身體左右長有1對兩枚外殼的貝類，稱為「雙殼貝」。蛤蜊、花蜆等，我們生活周遭常見的也多是雙殼貝。

二疊紀棲息了名為鹿間貝的巨大雙殼貝，貝殼全長超過1公尺，大到似乎可以當作小嬰兒的床鋪。

大小比較圖

又被稱為「Sigillaria」

封印木

棲息年代：4億5000萬 — 4億 — 3億5000萬 — 3億 — 2億5000萬 — 2億（年前）→ 現代

古生代
中生代
新生代

代表石炭紀的巨大植物

驚奇度
S◂A◂B◂C
C

生物資料

學名：Sigillaria
棲息年代：古生代石炭紀～二疊紀
棲息地：北美、歐洲、亞洲等
分類：蕨類植物門 鱗木目
高度：30m

邁入石炭紀後，蕨類植物繁衍興盛成大森林，封印木是這個時代具代表性的巨大植物。封印木的葉子非常長，葉枝脫落後的樹幹會殘留六角形的痕跡模樣，由於跟封緘文書的封印相似，因而取名為「封印木」。

大小比較圖

謎題 跟封印木分類最相近的物種是？ ①莢果蕨 ②桫欏 ③石松

昆蟲們的居所

蘆木

棲息年代	4億5000萬	4億	3億5000萬	3億	2億5000萬	2億（年前）

➡ 現代

莖會延伸到地底下

驚奇度 S‧A‧B‧C
C

生物資料

學名：Calamites
棲息年代：古生代石炭紀～中生代侏羅紀
棲息地：北美、歐洲、日本等
分類：蕨類植物門 木賊目
高度：20cm

跟封印木一樣繁盛於石炭紀的植物，屬於日本庭園中木賊的植物同伴，如同竹子般長有節，莖會延伸到地底下。扭曲長於地面上的年輕莖，推測是呈現放射狀生長葉子。

大小比較圖

◀答案在P50。

關注下顎的部分

旋齒鯊

棲息年代 4億5000萬 4億 3億5000萬 3億 2億5000萬 2億（年前） → 現代

今天也有活力地旋轉著

生物資料

學名：Helicoprion
棲息年代：古生代二疊紀
棲息地：北美、俄羅斯、日本等
分類：軟骨魚綱 尤金齒目
體長：12m　**體重：**?kg
食性：肉食性

直升機（helicopter）是組合「helic（螺旋）」和「opter（翼）」的複合詞，而旋齒鯊學名中的「Helic」也同樣意為螺旋，其名稱取自奇特的牙齒排列方式。牙齒的排列呈現如同漩渦般的螺旋形狀。

大小比較圖

答案 ③石松　封印木是石松植物的一種。

第2章

中生代

約2億5192萬年前～約6600萬年前

眾所皆知的巨大生物恐龍繁盛的時代，不僅只陸地上，海洋、空中皆滿溢著巨大生物。

13m

11m

30m

12m

7m

2m

史上最大級的飛行動物

風神翼龍

棲息年代 2億5000萬 2億 1億5000萬 1億 5000萬 0（年前） ➡現代

古生代
中生代
新生代

別看我長這樣，我可是非常輕的

驚奇度 S·A·B·C **S**

小知識

即便祖先相同，只要未生活於陸地上，基本上就不歸類為恐龍。翱翔天際的無齒翼龍（Pteranodon）等也不屬於恐龍，通常分類為翼龍的一種。

生物資料

學名	Quetzalcoatlus	棲息年代	中生代白堊紀
棲息地	美國	分類	翼龍目
展翼寬	10.5m	體重	70kg
食性	肉食性		

風神翼龍是棲息於白堊紀史上最大級的翼龍，展翼寬超過10公尺、體高也有5公尺，相當於長頸鹿的大小。當然，長頸鹿無法在天空飛行，雖然跟有無翅膀也有關係，但體重超過1公噸重的身體，本來就不可能飛上天空。風神翼龍當初也被認為「如此巨大的身軀，應該沒辦法飛起來」。

然而，根據最新的研究，牠們的骨頭到處都是空洞，推測體重僅有70公斤左右。明明有著如此巨大的身軀，卻跟成年男子差不多重量。

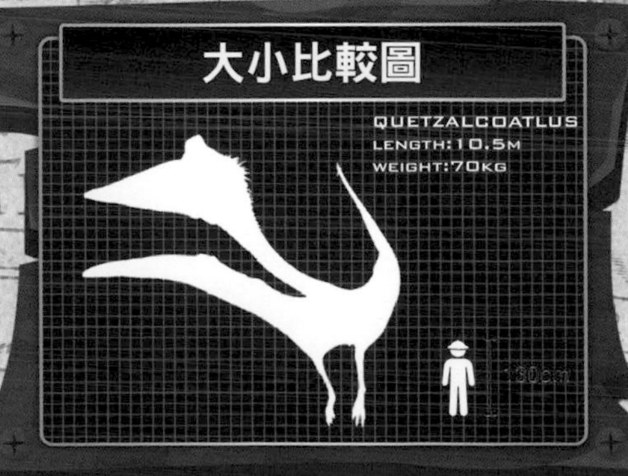

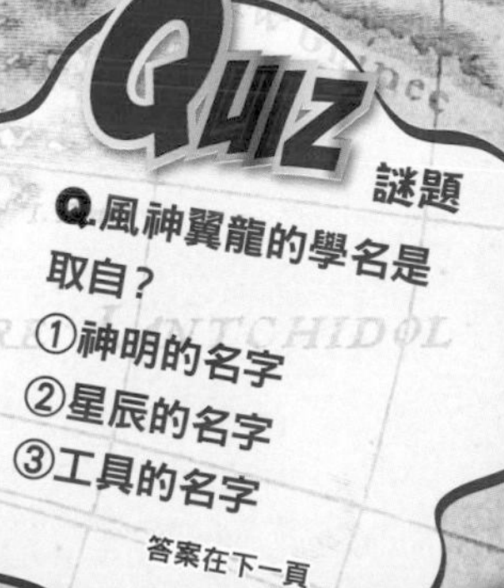

QUIZ
謎題
Q.風神翼龍的學名是取自？
①神明的名字
②星辰的名字
③工具的名字
答案在下一頁
KEEP OUT KEEP OUT

冠上惡魔之名的巨大青蛙

惡魔角蛙

棲息年代　2億5000萬　2億　1億5000萬　1億　5000萬　0（年前）

➡現代

古生代　中生代　新生代

恐龍的孩子也是一口吞下

小知識

現代最大型的青蛙是棲息於非洲的巨諧蛙（Conraua goliath），體長可達30公分、體重可達3公斤。然而，由於森林濫伐的緣故，棲息數量正在逐漸減少。

答案　①**神明的名字**　取自阿茲特克（Aztec）神話的風神「魁札爾科亞特爾（Quetzalcoatl）」。

生物資料

學名	Beelzebufo	棲息年代	中生代白堊紀
棲息地	馬達加斯加	分類	兩棲綱 無尾目
體長	40cm	體重	4.5kg
食性	肉食性		

在舊約聖經中，出現了名為別西卜（Beelzebub）的魔界之王。別西卜又稱為「捕食之王」，被描述為具有永無止境的食慾。

惡魔角蛙是繼承這個大惡魔之名的青蛙同伴，推測體長有40公分、體重有4.5公斤。雖然的確相當巨大，但就惡魔來說似乎稍嫌欠缺魄力，圓胖的體型與其說是惡魔，更接近枕頭吧。

然而，牠們擁有強力的下顎與尖銳的牙齒，推測有時會捕食恐龍的孩子。在大胃王這個方面，的確如同別西卜之名。

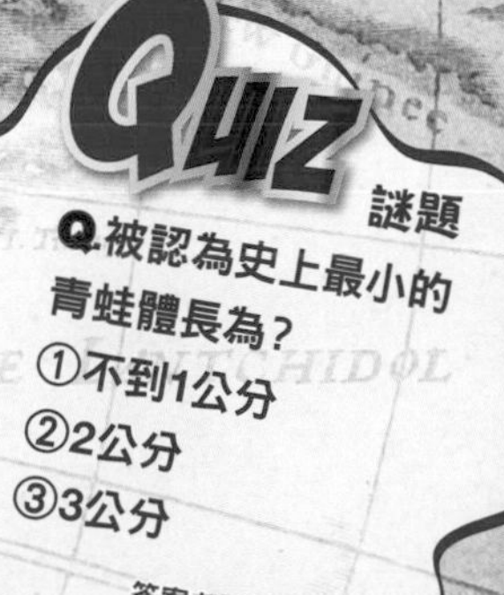

QUIZ
謎題
Q被認為史上最小的青蛙體長為?
①不到1公分
②2公分
③3公分
答案在下一頁

光頭部就有3公尺長

哈特茲哥翼龍

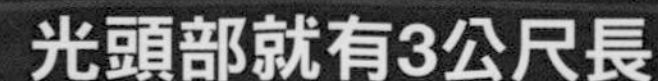

驚奇度
S·A·B·C
A

古生代
中生代
新生代

小知識

翼龍們各自長有不同特徵的肉冠，如圓形肉冠、細長肉冠、Y字型肉冠、大肉冠……等。除了形狀之外，肉冠生長的位置也有所不同。

牠們真的能夠飛起來嗎？

答案 ①不到1公分 已經發現體長僅有7.7毫米的阿馬烏童蛙（Paedophryne amauensis）。

生物資料

學名	Hatzegopteryx	棲息年代	中生代白堊紀
棲息地	羅馬尼亞	分類	主龍類 翼龍目
體長	11m	體重	?kg
食性	肉食性		

　哈特茲哥翼龍可是能夠跟風神翼龍並稱史上最大級的翼龍，相對於風神翼龍棲息於美洲，牠們棲息於歐洲的羅馬尼亞。風神翼龍的骨頭空洞化，使得身體變得輕盈。然而，哈特茲哥翼龍的骨頭卻比前者來得扎實，推測牠們的體重很有可能很重。

　結果，牠們是否能夠飛行目前仍舊不明。順便一提，也有名為阿拉姆波紀納翼龍（Arambourgiania）相同大小的翼龍，但已經快要變成繞口令大會了，這邊就不詳加介紹了。

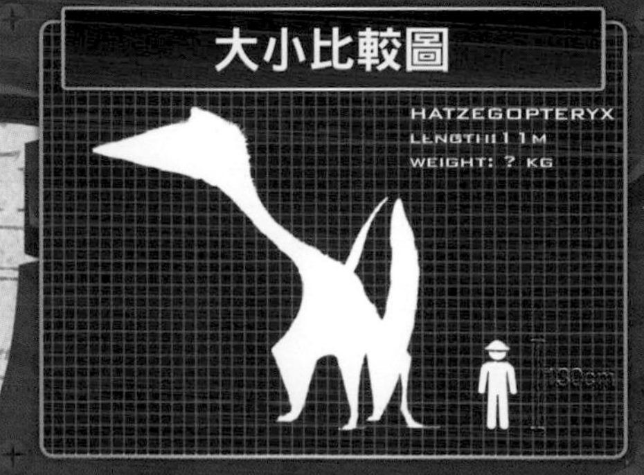

謎題

Q.哈特茲哥翼龍的學名取自？

①場所的名稱

②發現人的名稱

③時代的名稱

答案在下一頁

過於巨大的轉圈圈

副普若斯菊石

棲息年代　2億5000萬　2億　1億5000萬　1億　5000萬　0（年前）
現代

驚奇度
S◂A◂B◂C
A

史上最大的菊石

小知識

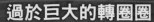

菊石小孩的螺殼會隨著成長而增大，螺殼的大小取決於物種，但如大家所知，通常雄性的會長得比雌性的螺殼還要大。

答案　①場所的名稱　取自發現場所羅馬尼亞的哈采格（Hateg）。

生物資料

學名	Parapuzosia seppenradensis	棲息年代	中生代白堊紀
棲息地	德國	分類	頭足綱 菊石目
體長	2m以上	體重	?kg
食性	肉食性		

菊石是會讓人想脫口而出「這就是古生物！」的存在，光是已經發現的就超過1萬種，牠們對地質學的研究也帶來莫大的幫助。大部分的菊石螺殼直徑約10～20公分，但其中也有超過1公尺的巨大物種。

在菊石當中，副普若斯菊石被稱為「史上最大級的菊石」，儘管發現的化石有所欠卻，但也有2公尺長，大到眼睛會一直轉圈圈。

而且，這到底僅是螺殼的大小，倘若包含觸角在內，長達4公尺、5公尺也不奇怪。

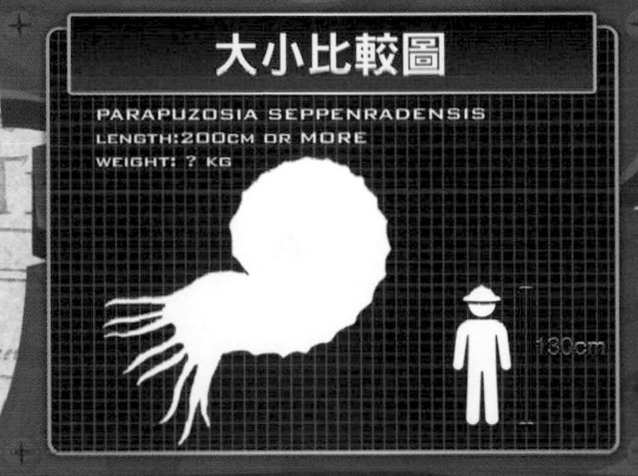

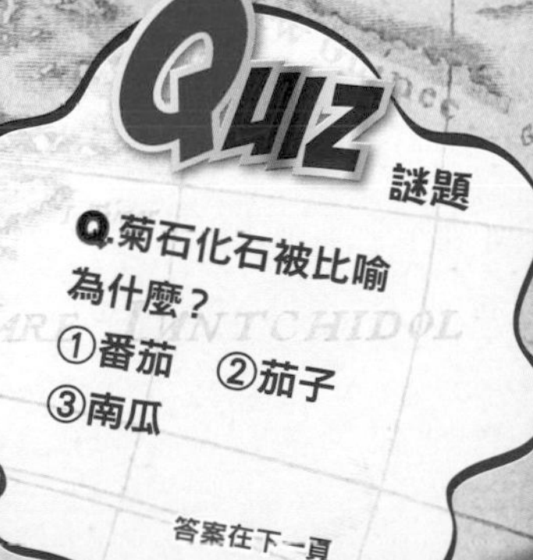

想要回也回不去

滄龍

棲息年代　2億5000萬　2億　1億5000萬　1億　5000萬　0（年前）
→現代

古生代
中生代
新生代

白堊紀後期的海洋支配者

驚奇度
S・A・B・C
A

小知識

在2015年上映的電影《侏羅紀世界》中，拍攝了喚醒於現代的滄龍姿態。雖然電影拍攝得令人覺得有點誇張，但在意的人務必確認細節看看。

答案　③南瓜　由於外觀近似南瓜，所以又稱為「南瓜石」。

生物資料

學名	Mosasaurus	棲息年代	中生代白堊紀
棲息地	世界各地	分類	爬蟲綱 有鱗目
體長	17.6m	體重	?kg
食性	肉食性		

滄龍是繁盛於白堊紀的大型水生爬蟲類，據說尺寸最大超過17公尺，光頭部就有1.6公尺。

除了身軀龐大之外，實力也是貨真價實的，口中排列尖銳的牙齒，推測能夠用來捕食烏賊類、魚類、菊石等。在白堊紀中期登場的牠們，轉眼間就登上生態系的頂端。

滄龍的化石最初發現於荷蘭名為馬斯垂克（Maastricht）的地方，但1794年被侵略進來的法國士兵奪走，就這樣展示於巴黎自然史博物館，至今仍舊沒有返回故鄉。

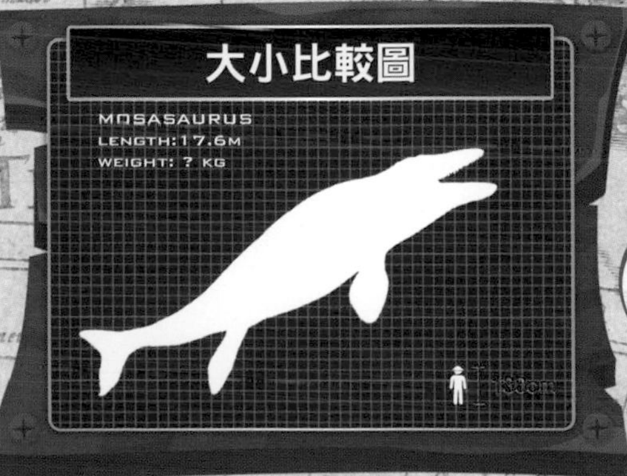

Q 滄龍的牙齒化石價值多少錢？

①數千日圓

②100萬日圓

③超過1000萬日圓

答案在下一頁

長頸龍

棲息年代 2億5000萬 2億 1億5000萬 1億 5000萬 0（年前）
➡ 現代

全長的3分之2是脖子

驚奇度
S·A·B·C
A

小知識

由於每節頸骨實在太長了，據說發現當時誤認為腳肢的骨頭。在脊椎動物當中，推測是脖子佔比最大的生物。

答案 ①數千日圓　不是非常稀有的化石，數千日圓就能夠買到，但需要注意許多都是贗品。

生物資料

學名	Tanystropheus	棲息年代	中生代三疊紀
棲息地	歐洲、亞洲	分類	爬蟲綱 主龍形類
體長	6m	體重	?kg
愛好	魚類		

再怎麼說這也太長了，長頸龍的全長約有6公尺，但其中脖子就佔了將近3分之2。

然後，學者推測其頸部難以自由地活動，畢竟頸部骨頭的數量不多，每節頸骨都相當長。

由於這樣的頸部，有人說牠們既不擅長行走也不擅長游泳，也有人說可能意外地動作敏捷，不管是哪一種情況，肯定都過著以脖子為中心的生活。

然而，就化石來看，幼龍的脖子並不長，脖子似乎是隨著成長而急遽增長吧。

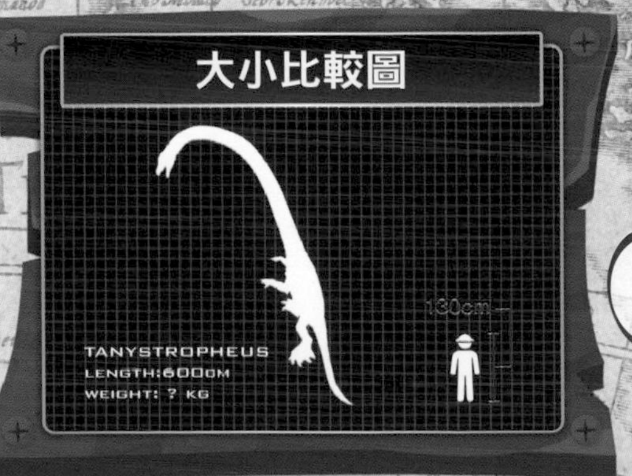

QUIZ 謎題

Q.長頸龍的另一個特徵是什麼？

①尾巴能夠再生

②眼睛會發光

③腳肢可長得很長

答案在下一頁

非常大的幽靈蛸

匹田氏幽靈蛸

古生代 中生代 新生代

曾經棲息於北海道

驚奇度 S·A·B·C

B

小知識

同樣於羽幌町發現化石的波賽頓羽幌魷（Haboroteuthis poseidon），推測全長約10公尺，就連現代最大級的無脊椎動物大王烏賊都相形見絀。

答案 ①尾巴能夠再生 如同蜥蜴能夠自己斷尾，推測截斷的尾巴能夠再生。

生物資料

學名	Nanaimoteuthis hikidai	棲息年代	中生代白堊紀
棲息地	日本	分類	軟體動物門 頭足綱 幽靈蛸目
體長	2.4m	體重	？kg
愛好	浮游生物（？）		

雖然太古生物相當奇特，但現代深海也有外觀絲毫不遜色的生物不斷扭動。其中之一的幽靈蛸因外型相當可愛，接近等身大的布偶非常熱銷。

匹田氏幽靈蛸如同其名是幽靈蛸的同伴，但相對於幽靈蛸的體長約為30公分，牠們的體長推測為2.4公尺。別說作成布偶了，感覺可直接當成墊褥。

在發現匹田氏幽靈蛸化石的北海道羽幌町，也發現了波賽頓羽幌魷的巨大烏賊化石，當時這塊海域可能是軟體動物容易巨大化的環境吧。

謎題

Q 幽靈蛸的英文「Vampire Squid」是什麼意思？

①夢幻章魚

②吸血烏賊

③海洋蝙蝠

答案在下一頁

無人不知無人不曉的最強肉食性恐龍

暴龍

古生代

中生代

新生代

強大、人氣都是第一名

驚奇度
S‧A‧B‧C
S

小知識

數年前，出現「暴龍身上覆蓋羽毛」的說法，但根據最新的研究，「牠們的身體果然是覆蓋鱗片」的說法比較有利。

答案　②吸血烏賊　讓人搞不清楚到底是章魚還是烏賊，其實兩者都不是。

生物資料

學名	Tyrannosaurus	棲息年代	中生代白堊紀
棲息地	北美、中國、俄羅斯	分類	蜥臀目 獸腳亞目
體長	13m	體重	6000kg
食性	肉食性		

帥氣到令人陶醉，長達13公尺的巨大身軀，配上如同小刀般的尖銳牙齒，但前腳相形之下小巧，確實讓人感受到落差。暴龍是恐龍當中，不，應該說全古生物當中，人氣首屈一指的存在。

學者推測暴龍跑起來可達時速30公里，雖然也有跑得更快的恐龍，但就其尺寸來說是令人驚豔的速度。

除此之外，暴龍的視覺、嗅覺也十分優異，如眾所皆知咬合力十分強大，的確擁有不負「最強」之名的實力。

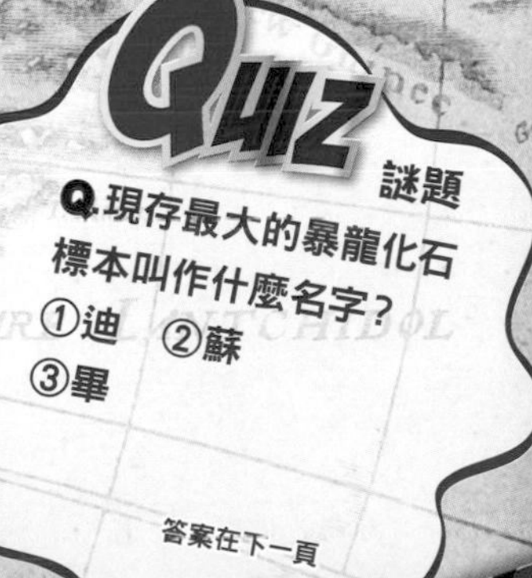

QUIZ
謎題
Q.現存最大的暴龍化石標本叫作什麼名字？
①迪 ②蘇
③畢
答案在下一頁

左邊吃一點、右邊吃一點

馬門溪龍

棲息年代　2億5000萬　2億　1億5000萬　1億　5000萬　0（年前）

→現代

驚奇度 S·A·B·C **S**

生物史上最長的脖子？

小知識

在棲息地中國也發現了牠們的足跡化石，據說深度可達1公尺，有些小型動物似乎不慎落入足跡中，就這樣直接死在裡面。

答案　②蘇（Sue）　取自發現者蘇珊（Susan Hendrickson），展覽於芝加哥的博物館。

生物資料

學名	Mamenchisaurus	棲息年代	中生代白堊紀
棲息地	中國、蒙古	分類	蜥臀目 蜥腳亞目
體長	35m	體重	7500kg
食性	草食性		

　馬門溪龍是脖子約有體長一半長的巨大草食性恐龍。人類的頸骨數量為7塊、長頸鹿也為7塊，其他蜥腳類通常也不到15塊，但馬門溪龍的頸骨多達19塊。史上最長脖子的生物，可能就是牠們也說不定。

　然而，就身體結構來看，頸部似乎無法抬得很高，比起進食高處的葉子，可能是左右揮動脖子廣範圍食用葉子吧。

　如此龐大的身軀，活動起來也相當不方便，倘若能夠只靠脖子進食，沒有比這更理想的情況。

QUIZ 謎題

Q.馬門溪龍脖子的活動角度約為多少？

①上下30度

②上下45度

③上下60度

答案在下一頁

體長長達60公尺！？

雙腔龍

棲息年代　2億5000萬　2億　1億5000萬　1億　5000萬　0（年前）　➡現代

古生代
中生代
新生代

小知識

過去曾經發生過遺失北京猿人化石的事件。在日中大戰期間，從中國運往美國的途中丟失，至今仍未尋獲該化石。

倘若確實存在的話，絕對是史上最大

驚奇度　S·A·B·C　**S**

答案　①上下30度　似乎無法高舉也無法低垂。

生物資料

學名	Amphicoelias	棲息年代	中生代侏羅紀
棲息地	北美、辛巴威	分類	蜥臀日 蜥腳形亞目
體長	25～60（？）m	體重	？kg
食性	草食性		

雙腔龍的體長推測有25公尺，雖然非常龐大，但看完馬門溪龍後，可能就沒有那麼驚奇了。

不過，話題還沒有結束，就命名為「易碎雙腔龍（Amphicoelias fraillimus）」的個體來看，據說體長可達60公尺。雖然發現的背骨化石僅有1塊，但光這塊化石的推測長度就有240公分，是一般雙腔龍的兩倍大。

而作為關鍵的化石，據說在從發掘現場運出途中遺失。總覺得有不好的預感，化石遺失後通常就不了了之，夢幻的化石至今仍舊行蹤不明。

大小比較圖
AMPHICOELIAS
LENGTH:25-60M
WEIGHT: ? KG
180cm
QUIZ
謎題
Q下列何者最高大？
①初代哥吉拉
②初代超人力霸王
③易碎雙腔龍
答案在下一頁
KEEP OUT KEEP OUT

散發領袖魅力的草食性恐龍

劍龍

古生代

中生代

新生代

背部的骨板是其正字標記

驚奇度 S‧A‧B‧C

A

小知識

不僅只頭部小巧，就連咬合力似乎也非常孱弱。根據電腦分析的結果，儘管身體如此龐大，咬合力卻相當於女小學生。

答案 ③易碎雙腔龍　初代哥吉拉長50公尺；初代超人力霸王高40公尺。

生物資料

學名	Stegosaurus	棲息年代	中生代侏羅紀
棲息地	美國、葡萄牙、中國	分類	鳥臀目 劍龍科
體長	9m	體重	2000kg
食性	草食性		

劍龍是跟暴龍並列的恐龍界人氣角色，體長推測有9公尺，特徵是背部長有兩排五角形的骨板。

學者推測這些骨板分布著血管，牠們能夠透過骨板照射太陽、迎接涼風，來調節體溫。然後，骨板似乎因血管運輸血液而變化成紅色，他們很有可能是藉此來吸引同伴、威嚇敵人。

雖然感覺是很高性能的恐龍，但已知其頭腦僅有胡桃般的大小。雖然背部覆蓋著骨板，但牠們可能是傻大個也說不定。

實際上有幾公尺呢？

滑齒龍

棲息年代　2億5000萬　2億　1億5000萬　1億　5000萬　0（年前）　➡現代

古生代
中生代
新生代

驚奇度 S‧A‧B‧C
A

無論哪種體長都是最大級

小知識

既然沒有人實際見過的話，可能發生推測體長有很大的出入，就連利茲魚（P106）發現當初，也推測為將近兩倍大的尺寸。

答案　①屋頂　Stegosaurus意為「有屋頂的蜥蜴」。

生物資料

學名	Liopleurodon	棲息年代	中生代侏羅紀
棲息地	英國、法國、俄羅斯等	分類	爬蟲綱 蛇頸龍目
體長	12～25（？）m	體重	？kg
食性	肉食性		

假設來自遙遠行星的宇宙人，想要調查地球人的身高，如果最初發現的人是150公分，他們就會記錄「地球人為150公分」；如果下一個發現的人是2公尺，記錄就會變成「150公分～2公尺」，被發現的人愈多，記錄就愈接近地球人的正確身高。

滑齒龍的蛇頸龍同伴被發現的個體數非常少，所以不曉得正確的最大全長，有人說是12公尺，也有人說是25公尺。即便是12公尺，在牠們同伴中也屬於最大級，倘若真的長達25公尺，應該會是具壓倒性的強者。

謎題

Q.滑齒龍的特技是什麼？

①能夠潛到非常深的海底

②鼻子在水中依舊靈敏

③能夠向後游泳

答案在下一頁

薄板龍

棲息年代　2億5000萬　2億　1億5000萬　1億　5000萬　0（年前）

→現代

具有長頸的海中捕食者

小知識

棲息於寒武紀的怪誕蟲（Hallucigenia），腹側長有觸手列、背側長有棘刺列。然而，發現當初還原成上下顛倒的樣貌，誤認為是用棘刺行走的生物。

驚奇度

S・A・B・C

A

答案　**②鼻子在水中依舊靈敏**　推測牠們即便在水中也能夠感受氣味。

生物資料

學名	Elasmosaurus	棲息年代	中生代白堊紀
棲息地	美國、俄羅斯、日本、瑞典	分類	爬蟲綱 蛇頸龍目
體長	14m	體重	2000kg
食性	肉食性		

在長脖子的蛇頸龍類中，薄板龍具有特別長的頸部。雖然體長約有14公尺，但超過一半都是脖子，頸骨多達70塊以上也令人驚豔。

首位研究薄板龍化石的古生物學家科普（Edward Cope），將長脖子誤認為尾巴、尾巴誤認為脖子，發表成尾巴異常長的生物。雖然能夠體諒他的誤判，但長尾巴也挺毛骨悚然的。

在薄板龍的體內，發現了可能是靠近水面飛行的翼龍骨頭，牠們似乎是活用其長脖子積極地捕捉獵物。

謎題

Q.古生物學家科普被指正錯誤後採取行動是？

①大吵一架

②大笑一場

③充耳不聞

答案在下一頁

就算是同伴也不放過

克柔龍

棲息年代　2億5000萬　2億　1億5000萬　1億　5000萬　0（年前）
→現代

驚奇度
S◂A◂B◂C
A

頸短的粗暴動物

古生代
中生代
新生代

小知識

棲息於水中的蛇頸龍類，跟翼龍一樣也不歸類為恐龍。雖然容易令人混淆，但稱為恐龍的生物全都生活在陸地上。

答案　①大吵一架　跟指正錯誤的古生物學家馬什（Othniel Marsh）吵翻，到最後都沒有和好。

學名	Kronosaurus	棲息年代	中生代白堊紀
棲息地	澳洲、哥倫比亞	分類	爬蟲綱 蛇頸龍目
體長	14m	體重	11000kg
食性	肉食性		

說到蛇頸龍類，容易聯想到頸長頭小的妖怪轆轤首，但也有反過來頸短頭大的家族，其中具代表性的就是克柔龍。

蛇頸龍類最大級14公尺的巨大身軀，以長達25公分的巨大獠牙作為武器，克柔龍曾經支配當時的海洋，而且似乎相當肆無忌憚。

會這麼推測是因為，在克柔龍的胃部化石中，發現了同為蛇頸龍類的骨頭。對牠們來說，薄板龍的細長脖子感覺就像是壽司卷吧。

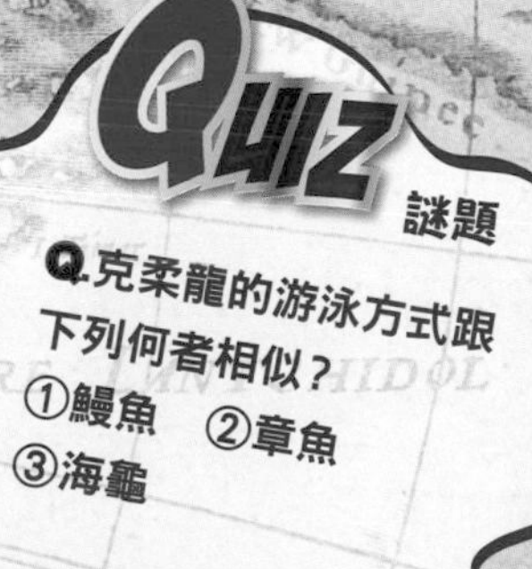

QUIZ
謎題
Q.克柔龍的游泳方式跟下列何者相似？
①鰻魚 ②章魚
③海龜
答案在下一頁

該稍微修剪指甲了

鐮刀龍

棲息年代 2億5000萬 2億 1億5000萬 1億 5000萬 0（年前） ➡現代

古生代
中生代
新生代

指甲可長達90公分

驚奇度 S·A·B·C **B**

小知識

蒙古是跟北美、中國並列的世界少數恐龍化石出產地。尤其，在南部廣袤的戈壁沙漠，陸續發現珍貴的化石。

答案 ③海龜 如同船槳般擺動4條鰭腳來游泳。

生物資料

學名	Therizinosaurus	棲息年代	中生代白堊紀
棲息地	蒙古	分類	蜥臀目 獸腳亞目 鐮刀龍科
體長	8～11m	體重	?kg
食性	草食性		

學名Therizinosaurus意為「大鐮刀蜥蜴」，牠們的前腳長有鐮刀狀的大指甲。

長達90公分的巨大指甲，原本還以為是用來切斷獵物……但牠們似乎是草食性。雖然關於指甲的用途尚且不明，但大概是用來守護自身或者抓住草木吧。

順便一提，人類界也有人留了將近2公尺長的指甲，創下金氏世界紀錄。倘若鐮刀龍遇見那個人，「請讓我叫您老大。」肯定會搖著尾巴也說不定。

大小比較圖
THERIZINOSAURUS
CHELONIFORMIS
LENGTH:8-11M
WEIGHT: ? KG

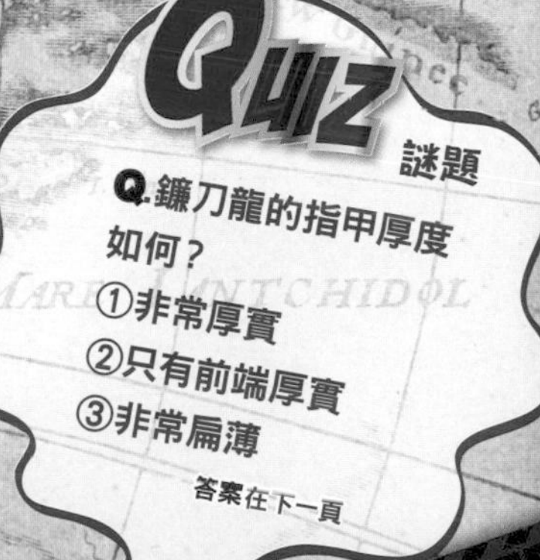
QUIZ
謎題
Q.鐮刀龍的指甲厚度如何？
①非常厚實
②只有前端厚實
③非常扁薄
答案在下一頁

令人驚訝的揮擺速度

梁龍

棲息年代　2億5000萬　2億　1億5000萬　1億　5000萬　0（年前）　➡現代

古生代
中生代
新生代

小知識

已知聲速約為秒速340公尺，梁龍認真起來或許可用超越聲速的速度揮擺尾巴。

用尾巴驅趕敵人

驚奇度 S‧A‧B‧C **S**

答案　③非常扁薄　極其扁薄，真的就像鐮刀一樣。

生物資料

學名	Diplodocus	棲息年代	中生代侏羅紀		
棲息地	北美	分類	蜥臀目 蜥腳亞目		
體長	24m	體重	12000kg	食性	草食性

梁龍是推測可長達24公尺的巨大草食性恐龍，脖子相當的長，而且還具有宛若長鞭的長尾巴。

雖然行動遲緩，但非常擅長揮擺尾巴，據說尾巴前端的速度意外可達秒速330公尺。職業高爾夫球手的揮竿速度為秒數50公尺，相較之下顯得望塵莫及，這樣就知道有多麼得快了吧。

「討厭，去那邊啦！」咻咻地被牠們的尾巴揮擊到，不要說那邊了，可能會直接去到那個世界吧。肉食性恐龍們也應該無法輕易出手才對。

QUIZ 謎題

Q.下列何者資助了梁龍的挖掘調查？

①華爾特・迪士尼

②安德魯・卡內基

③比爾・蓋茲

答案在下一頁

水汪大眼的可憎傢伙

切齒魚龍

棲息年代 2億5000萬 2億 1億5000萬 1億 5000萬 0（年前） ➡現代

古生代
中生代
新生代

小知識

魚龍們不是卵生，而是在水中生下小寶寶，已經發現好幾具懷胎的化石。另外，蛇頸龍也有發現同樣的化石。

驚奇度 S·A·B·C B

用這雙眼睛鎖定獵物

答案 ②安德魯·卡內基（Andrew Carnegie） 以鋼鐵公司大獲成功，被稱為「鋼鐵大王」。

生物資料

學名	Temnodontosaurus	棲息年代	中生代侏羅紀
棲息地	歐洲	分類	爬蟲類 魚龍目
體長	12m	體重	?kg
愛好	烏賊、菊石		

外觀跟海豚有幾分相似，但切齒魚龍是魚龍的同伴，不是哺乳類而是棲息海洋中的爬蟲類。身體比海豚大上許多，大概沒有辦法學習雜耍吧。

這樣的切齒魚龍有著不輸給其他動物的水汪大眼，其直徑竟然約20公分，聯想足球可能會比較容易理解吧。

用這雙清楚可見的眼睛發現獵物，再以強勁有力的速度游近，張開尖銳的牙齒咬下獵物。雖然外觀有跟海豚相似的部分，但生活型態推測接近虎鯨。

Q.切齒魚龍的眼睛厲害在什麼地方？

①如同鑽石般堅硬

②漆黑環境中也看得見

③重量超過100公斤

答案在下一頁

大家好，是我是我。

腕龍

古生代
中生代
新生代

大家熟知的Mr.蜥腳類

驚奇度
S·A·B·C
B

小知識

蜥腳類是有著長脖子、長尾巴的恐龍家族，是至今生存於地球上的生物中最大的陸生動物，繁衍興盛了1億數千萬年。

答案 ②漆黑環境中也看得見 推測牠們在漆黑環境中也看得見。

生物資料

學名	Brachiosaurus	棲息年代	中生代侏羅紀
棲息地	北美、德國、坦尚尼亞、辛巴威	分類	蜥臀目 蜥腳亞目
體長	26m	體重	34000kg
食性	草食性		

在擁有這般輪廓的恐龍當中，腕龍是最為有名的存在吧。幾乎全身上下的骨骼都有挖掘出來，在世界各地的博物館都能夠看見其模型。

學名Brachiosaurus意為「前臂蜥蜴」，如同其名前腳比後腳還要長。雖然頸部無法向正上方抬升，但肩膀的位置高，相對能夠進食高大樹木的葉子。

雖然現在已經普遍認識牠們是陸生動物，但發現當時因身軀龐大而被認為：「在陸上生活挺困難的吧？」曾經有一種說法是，牠們會像浮潛一樣讓鼻孔浮出水面。

大小比較圖
BRACHIOSAURUS
LENGTH:26M
WEIGHT:34000KG

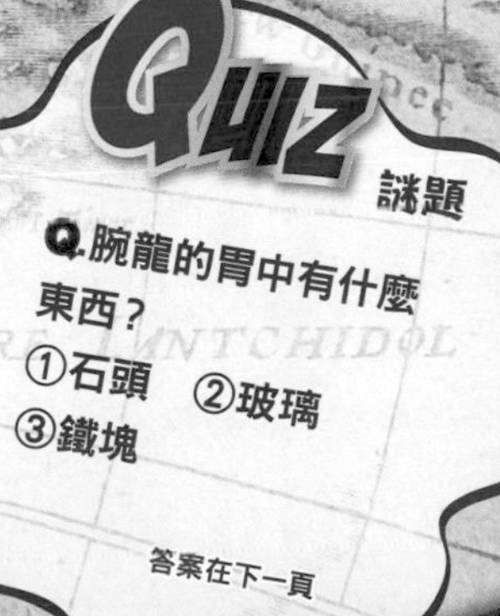
QUIZ
謎題
Q.腕龍的胃中有什麼東西？
①石頭 ②玻璃
③鐵塊
答案在下一頁
KEEP OUT KEEP OUT

就連浦島太郎也會嚇一跳！

古巨龜

棲息年代 2億5000萬 2億 1億5000萬 1億 5000萬 0（年前）

➡ 現代

古生代
中生代
新生代

驚奇度
S◂A◂B◂C
A

4公尺長的巨大烏龜

小知識

就古巨龜的骨骼來看，似乎無法像現代龜類一樣將手腳縮進殼中，這也是遭到捕食者鎖定的原因之一吧。

答案 ①石頭　吞進的石頭會在胃中磨碎植物。

學名	Archelon	棲息年代	古生代白堊紀
棲息地	美國	分類	爬蟲綱 龜鱉目
體長	4m	體重	2000kg
食性	肉食性		

如果童話《浦島太郎》登場的烏龜是古巨龜，就不會遭到孩童欺負，也不會帶浦島太郎前往龍宮城，變成平淡無奇的無聊故事吧。

古巨龜是全長約為4公尺、史上最大的大海龜，雖然龜殼上好幾道空隙存在，但即便如此仍舊推測體重可達2公噸。學名Archelon意為「海龜中的帝王」，真的就是名副其實的稱呼。然而，遺憾的是，當時有更為巨大的肉食性動物在海洋中扭曲游動，古巨龜也成為其捕食對象，沒辦法簡單迎來「從此過著幸福快樂的日子」的結局。

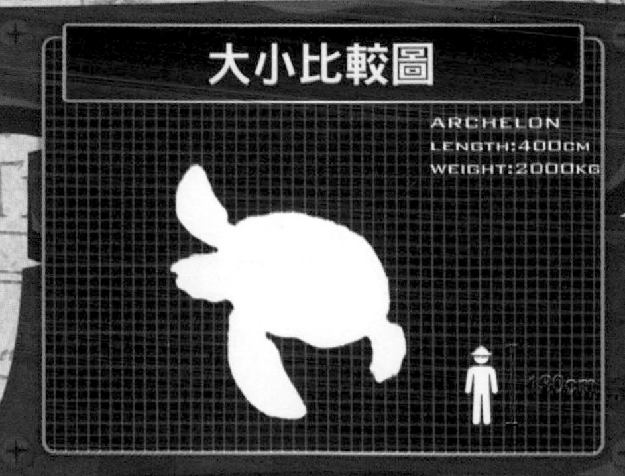

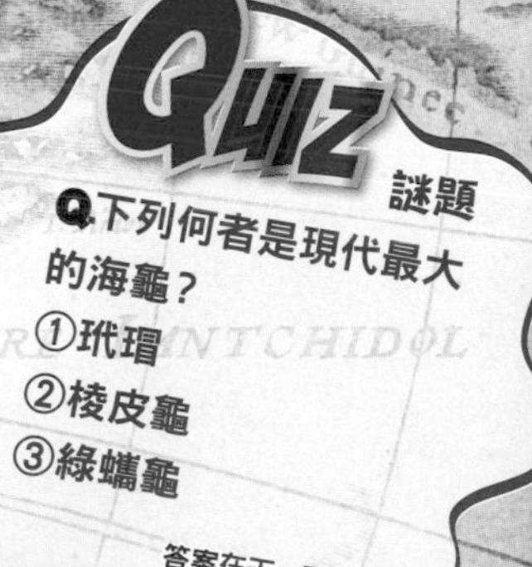

QUIZ
謎題
Q下列何者是現代最大的海龜？
①玳瑁
②棱皮龜
③綠蠵龜
答案在下一頁

令人憧憬的海洋生活

潮汐龍

棲息年代 2億5000萬 2億 1億5000萬 1億 5000萬 0（年前） 現代

小知識

蜥腳類過去曾經有名為雷龍（Brontosaurus）的恐龍，但後來因認為跟迷惑龍（Apatosaurus）同種而廢除。不過，近年又提出果然是新種的說法，雷龍的名稱很有可能再次復活。

驚奇度 S·A·B·C

B

體重可達60公噸的海岸巨人

古生代 中生代 新生代

答案 ②棱皮龜（**Dermochelys coriacea**） 最大全長可達250公分、體重可達1公噸左右。

生物資料

學名	Paralititan	棲息年代	中生代白堊紀
棲息地	埃及	分類	蜥臀日 蜥腳亞目
體長	26m	體重	60000kg
食性	草食性		

居住在海洋附近是令人憧憬的海洋生活之一，就近感受到大自然的同時，度過一段悠閒的時光。這是最棒的奢侈體驗。

潮汐龍這種大型恐龍，似乎也享受著這般生活。調查發現的化石可知，牠們棲息於靠近海岸的紅樹林森林，學名Paralititan意為「海岸的巨人」。

然而，牠們是否悠閒度日令人存疑，原來在其化石上發現了可能是肉食性動物造成的傷痕。雖然身軀龐大，但可能不擅長爭鬥。

大小比較圖
PARALITITAN
LENGTH:26M
WEIGHT:60000KG
180cm

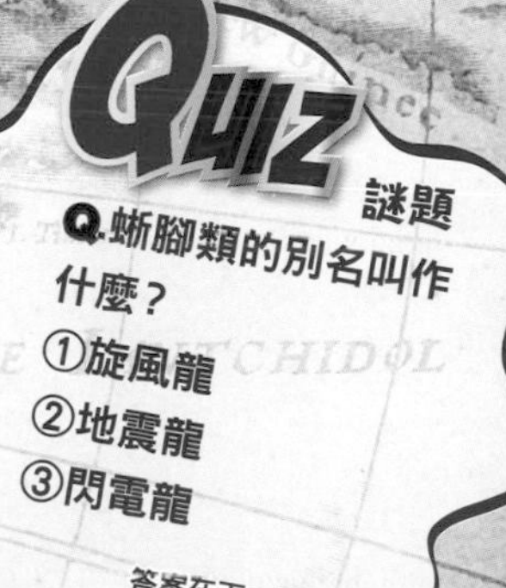
QUIZ
謎題
Q.蜥腳類的別名叫作什麼？
①旋風龍
②地震龍
③閃電龍
答案在下一頁

名稱來自海神的名字

帕拉克西龍

棲息年代 2億5000萬 2億 1億5000萬 1億 5000萬 0（年前）
現代

古生代
中生代
新生代

單塊頸骨長達1.4公尺

小知識

研究顯示，體重的增加會相對提高體溫。當溫度超過45度時，蛋白質會凝固而無法生存，所以50公噸左右是巨大化的極限。

答案 ③閃電龍 由Brontosaurus意為「閃電蜥蜴」而來。

生物資料

學名	Paluxysaurus	棲息年代	中生代白堊紀
棲息地	美國	分類	蜥臀目 蜥腳亞目
體長	34m	體重	50000kg
食性	草食性		

風神翼龍的名字取自阿茲特克神話的神明魁札爾科亞特爾；克柔龍的名字取自希臘神話的神明克洛諾斯（Cronus），不少古生物名稱皆取自古代諸神。

帕拉克西龍也是其中之一，波賽頓（Poseidon）是希臘神話中登場的海神，被描述為能夠操縱地震、海嘯。當然，帕拉克西龍沒有這般能力，但其巨大的身軀感覺能夠引起地裂。另外，目前只找到部分的頸骨，但單塊頸骨就長達1.4公尺。有一種說法是，帕拉克西龍是所有恐龍中最高大的物種。

QUIZ
謎題
Q.帕拉克西龍化石最先發現於何處？
①警察局
②監獄　③車站
答案在下一頁

倖存下來的恐龍類

阿拉摩龍

古生代
中生代
新生代

比其他恐龍還要幸運？

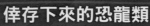

小知識

奧陶紀末期、泥盆紀末期、二疊紀末期、三疊紀末期、白堊紀末期等，過去經歷了5次大滅絕。在白堊紀末期，恐龍因隕石墜落而面臨滅絕的危機。

驚奇度
S·A·B·C
B

答案 ②監獄 發現於美國奧克拉荷馬（Okahoma）州的監獄。

生物資料

學名	Alamosaurus	棲息年代	中生代白堊紀		
棲息地	美國	分類	蜥臀目 蜥腳亞目		
體長	30m	體重	30000kg	食性	草食性

在白堊紀末期，地球遭受直徑超過10公里的巨大隕石撞擊，衝擊揚起的沙塵遮蔽了太陽光，造成地球溫度急遽下降，植物無法生長使得草食性動物陸續倒下，以草食性動物為食的肉食性動物也跟著相繼消失，當時滅絕了地球上4分之3的生物。

恐龍們也幾乎全數滅絕，但仍有少許倖存者逃過一劫，阿拉摩龍被認為是其中一種。

大概是平日積了許多陰德，據說牠們後來存活了70萬年。在漆黑寒冷、周遭生物接踵滅絕中，牠們的內心如何做想呢？

大小比較圖

ALAMOSAURUS
LENGTH:30M
WEIGHT:30000KG

QUIZ
謎題
Q.到目前為止發現的恐龍共有幾種？
①100種 ②1000種
③10000種
答案在下一頁

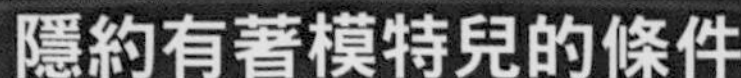

圖里亞龍

棲息年代 2億5000萬 2億 1億5000萬 1億 5000萬 0（年前） → 現代

古生代

中生代

新生代

小知識

歐洲的恐龍其實多為小型種，當時該區大部分是沉在海底，只有島嶼可稱為陸地。在有限的土地上，巨大化沒有什麼優勢吧。

驚奇度

S‧A‧B‧C

B

歐洲最大的恐龍

答案 ②1000種　全世界已經發現約1000種的恐龍。

生物資料

學名	Turiasaurus	棲息年代	中生代侏羅紀～白堊紀
棲息地	西班牙	分類	蜥臀目 蜥腳亞目
體長	30m	體重	40000～48000kg
食性	草食性		

調查世界的平均身高後，會發現前幾名都落在歐洲國家，是歐洲地區的環境有助於生物發育嗎？

在侏羅紀的歐洲，也曾經有名為圖里亞龍的巨大草食性恐龍。牠們發現於西班牙的特魯埃爾（Teruel），被稱為「歐洲史上最大的恐龍」，體長推測有30公尺。

說到歐洲人，容易聯想長手長腳、身材苗條的意象，而圖里亞龍的肱骨長達1.8公尺、大腿骨長達2.2公尺，再加上那小巧的臉蛋。當時竟然沒有巴黎時裝秀，這也太奇怪了吧。

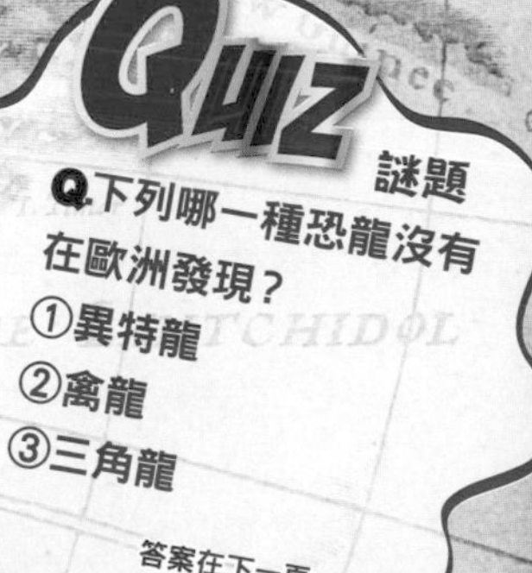

QUIZ
謎題
Q.下列哪一種恐龍沒有在歐洲發現？
①異特龍
②禽龍
③三角龍
答案在下一頁

已經發現70%的全身骨骼

富塔隆柯龍

棲息年代

幾乎就是這個大小

驚奇度

S・A・B・C

A

小知識

能夠發現全部骨骼的恐龍很少。倘若只找到一部分的骨骼，會對照已經發現的分類相近物種的同部位骨頭，來推測大小、特徵。

答案 ③三角龍　三角龍過去只發現棲息於美國、加拿大。

生物資料

學名	Futalognkosaurus	棲息年代	中生代白堊紀
棲息地	阿根廷	分類	蜥臀目 蜥腳亞目
體長	32m	體重	38000～50000kg
食性	草食性		

發現的骨骼愈少，恐龍大小就愈屬於「推測」，就連被稱為超大型恐龍的超龍（Supersaurus）、阿根廷龍（Argentinosaurus），其大小也是從部分的骨頭推測而來，所以並不曉得實際的體長。

其中，富塔隆柯龍發現了70%的全身骨骼，是巨大恐龍類當中最多的案例。從骨骼推測出來的體長32公尺，幾乎可說是確切的數值。

牠們不僅長得很高，橫方向似乎也很寬，腰骨的寬度可達3.3公尺。

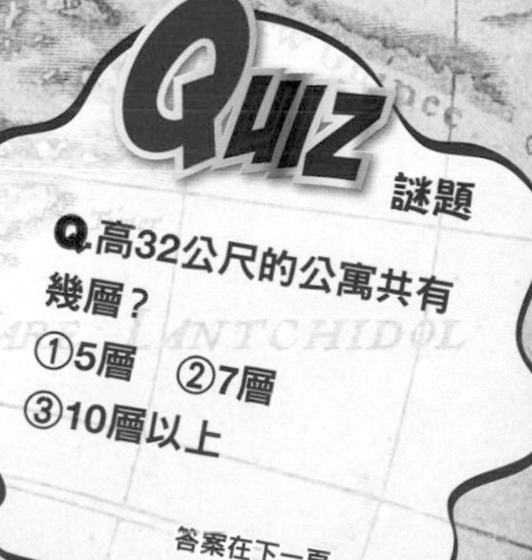

QUIZ
謎題
Q.高32公尺的公寓共有幾層？
①5層 ②7層
③10層以上
答案在下一頁
KEEP OUT KEEP OUT

超級恐龍

超龍

棲息年代　2億5000萬　2億　1億5000萬　1億　5000萬　0（年前）　➡現代

古生代　中生代　新生代

最大恐龍的寶座將鹿死誰手!?

驚奇度　S·A·B·C　A

小知識

小頭也是蜥腳類的特徵，牠們只要能夠吃到樹葉就行了，並不需要尖銳的牙齒、強勁的下顎。正因為頭部小巧，脖子才能夠長得比較長。

答案　③10層以上　一般公寓的單層樓高約3公尺。

生物資料

學名	Supersaurus	棲息年代	中生代侏羅紀
棲息地	美國、葡萄牙	分類	蜥臀目 蜥腳亞目
體長	33m	體重	32000～36000kg
食性	草食性		

1972年，發現了名為超龍的巨大恐龍化石，雖然名字聽起來很強悍，但當時存有疑問：「這是史上最大的恐龍嗎？」

然而，1979年發現了命名為極龍（Ultrasaurus）的巨大恐龍，究竟是哪一種恐龍比較大隻呢？激烈的頭銜之爭就此展開。

然而，根據後續的研究，得知被認為是極龍的化石，其實是超龍的骨骼。果然，超龍是最大隻的！……原本應是如此，但1993年發現了體長35公尺的馬門溪龍，後來超龍是史上最大的聲音就逐漸消失了。

大小比較圖
SUPERSAURUS
LENGTH:33M
WEIGHT:
32000-36000KG

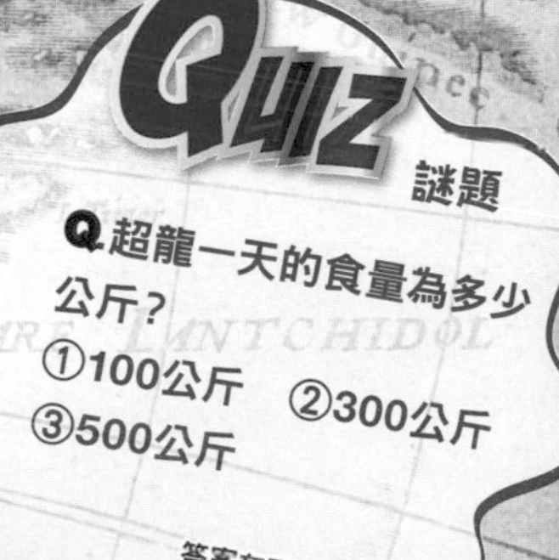
QUIZ
謎題
Q超龍一天的食量為多少公斤？
①100公斤 ②300公斤
③500公斤
答案在下一頁

泰坦巨龍類的代表

泰坦巨龍

驚奇度
S・A・B・C
C

同伴的名稱更為響亮

小知識

泰坦巨龍類是，恐龍大滅絕前最後的蜥腳類家族，棲息範圍廣泛，包含南極大陸在內，所有大陸都有發現其化石。

古生代
中生代
新生代

答案 ③500公斤　推測牠們一天需要進食500公斤的植物。

生物資料

學名	Titanosaurus	棲息年代	中生代白堊紀
棲息地	阿根廷、歐洲、非洲（肯亞、馬達加斯加、尼日）	分類	蜥臀目 蜥腳亞目
體長	12m	體重	14000kg
食性	草食性		

阿根廷龍、阿拉摩龍、潮汐龍等，能夠統整為泰坦巨龍家族。那麼，作為家族名的泰坦巨龍是怎麼樣的恐龍呢？

體長推測有12公尺，雖然不算小隻，但也難說特別大隻。泰坦巨龍的學名Titanosaurus取自希臘神話的巨人族泰坦（Titan），不曉得的人可能會說：「哎？應該拼成Tyrannosaurus（暴龍）吧？」

牠們沒有任何不好的地方，只是作為家族的代表者，存在感稍嫌有些薄弱。在分類的問題上，有些研究人員主張不應該直接使用「泰坦巨龍類」。

謎題

Q已經發現的泰坦巨龍共有幾種？

①約20種
②約50種
③約150種

答案在下一頁

代表南美的巨大恐龍

阿根廷龍

棲息年代　2億5000萬　2億　1億5000萬　1億　5000萬　0（年前）
➡ 現代

古生代
中生代
新生代

我長得這麼大了

驚奇度
S・A・B・C
S

小知識

大型蜥腳類的壽命非常長，有一種說法是會活超過50年，推測前面約15年會成長至20公尺，接著再緩慢長大。

答案　②約50種　目前已經發現約50種的泰坦巨龍類。

生物資料

學名	Argentinosaurus	棲息年代	中生代白堊紀
棲息地	阿根廷	分類	蜥臀目 蜥腳亞目
體長	30m	體重	50000kg以上
食性	草食性		

究竟誰才是史上最大的恐龍呢？阿根廷龍應該也算是候補之一，全長推測有30公尺，如同其名棲息於阿根廷。

倘若追溯蜥腳類的進化，會抵達名為始盜龍（Eoraptor）的原始恐龍。始盜龍全長約1公尺，學名意為「破曉的掠奪者」，整個散發小嘍囉的感覺。

隨著時間流逝、不斷進化後，最終演化成30公尺的阿根廷龍。作為介紹巨大生物的書籍，不由得想要起身為始盜龍鼓掌。

大小比較圖

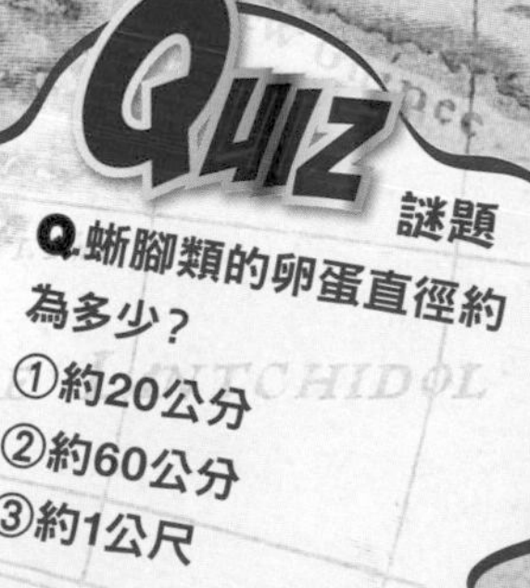

QUIZ
謎題
Q.蜥腳類的卵蛋直徑約為多少？
①約20公分
②約60公分
③約1公尺
答案在下一頁

史上最大級的魚類

利茲魚

棲息年代 2億5000萬 2億 1億5000萬 1億 5000萬 0（年前） → 現代

翻車魚什麼的根本不夠看

驚奇度 S‧A‧B‧C A

小知識

利茲魚的生活是以浮游生物為食，不符合其龐大的身軀，性格非常溫馴。在海洋中游泳時，會大大張開巨大的嘴巴吧。

古生代 中生代 新生代

答案 ①約20公分 卵蛋、幼龍意外地沒有很大。

生物資料

學名	Leedsichthys problematicus	棲息年代	中生代侏羅紀
棲息地	智利、英國、德國等	分類	輻鰭魚亞綱 厚莖魚目
體長	16.5m	體重	?kg
愛好	浮游生物		

本書的內容跟最近的餐桌菜色看似沒有關聯，但兩者有什麼共通點呢？答案是都沒有什麼出現魚（咚！）。謎題的答案不是很重要，相較於魚龍、蛇頸龍，少有明顯巨大化的魚類。

然而，其中也有如利茲魚全長超過15公尺的物種，且牠們不是軟骨魚而是硬骨魚。現代最大的魚類是鯨鯊（Rhincodon typus），屬於軟骨魚類，大小超過12公尺。換成硬骨魚的話，尺寸縮小到4公尺的翻車魚。超過15公尺的硬骨魚類，真是令人驚豔的存在。

大小比較圖
LEEDSICHTHYS PROBLEMATICUS
LENGTH: 16.5M
WEIGHT: ? KG

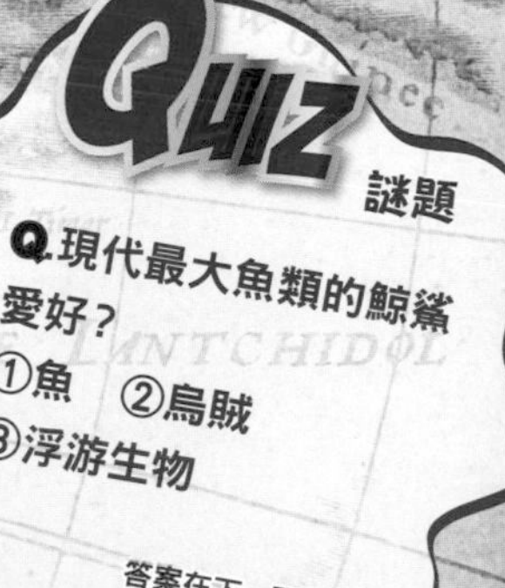
QUIZ
謎題
Q.現代最大魚類的鯨鯊愛好？
①魚 ②烏賊
③浮游生物
答案在下一頁

戰爭果然是不好的

棘龍

棲息年代 2億5000萬 2億 1億5000萬 1億 5000萬 0（年前） 現代

驚奇度 S・A・B・C A

古生代 中生代 新生代

比暴龍還要巨大

生物資料

學名：Spinosaurus
棲息年代：中生代白堊紀
棲息地：非洲（喀麥隆、肯亞、摩洛哥、尼日、突尼西亞）、埃及
分類：蜥臀目 獸腳亞目
體長：15m **體重：**21000kg
愛好：魚

棘龍是史上最大級的肉食性恐龍，多數時間待在水中生活，就肉食性動物來說罕見地喜歡吃魚。1915年發現棘龍的化石，但在1944年因戰爭而遺失，有很長一段時間被當作謎之恐龍。

大小比較圖

答案 **③浮游生物** 跟利茲魚同樣以浮游生物為食。

從古代開始就長成這個模樣

帝鱷

棲息年代 2億5000萬 2億 1億5000萬 1億 5000萬 0（年前） ➡現代

即便面對恐龍也不畏懼

驚奇度 S・A・B・C

B

生物資料

學名：Sarcosuchus
棲息年代：中生代白堊紀
棲息地：尼日、阿爾及利亞、巴西、馬利、摩洛哥、突尼西亞
分類：爬蟲綱 鱷目 **體長**：12m
體重：8000kg **食性**：肉食性

前面有介紹過始巨鱷等近似鱷魚的生物，但帝鱷是貨真價實的鱷魚同伴。帝鱷為肉食性，據說不僅只魚類有時也會襲擊恐龍。恐龍VS巨大鱷魚，當時真實上演了如此激烈的戰鬥。

大小比較圖

短前腳、長後腳

食肉牛龍

棲息年代 2億5000萬 2億 1億5000萬 1億 5000萬 0（年前）
→現代

驚奇度 S・A・B・C **B**

古生代 中生代 新生代

大型獸腳類的最速跑者

生物資料

學名： Carnotaurus
棲息年代： 中生代白堊紀
棲息地： 阿根廷
分類： 蜥臀目 獸腳亞目
體長： 8m **體重：** 2000kg
食性： 肉食性

暴龍也是眾所皆知的短前腳，但食肉牛龍的前腳更加短小，大概沒有任何用途吧。不過，後腳相對發達許多，似乎能夠跑得非常快速。有一種說法是，在大型獸腳類中，食肉牛龍的腳程最快。

大小比較圖

謎題 學名Carnotaurus取自哪一種動物？ ①牛 ②羊 ③山羊

暱稱取為「鬥牛犬」

劍射魚

棲息年代 2億5000萬 2億 1億5000萬 1億 5000萬 0（年前）
➡現代

用偌大的嘴巴將魚整隻吞下

驚奇度
S·A·B·C
B

生物資料

學名：Xiphactinus
棲息年代：中生代白堊紀
棲息地：北美、委內瑞拉、歐洲等
分類：硬骨魚綱 輻鰭魚亞綱
體長：6m **體重：**?kg
愛好：魚

據說劍射魚的化石中，發現整隻有自己身體一半長的魚類。用偌大的嘴巴吞進後，因魚在體內造成傷害而死亡變成化石，雖然這種死法還挺蠢的，但也訴說了牠們是強力的捕食者。

大小比較圖

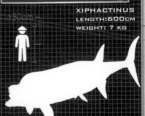

130cm
XIPHACTINUS
LENGTH:600CM
WEIGHT: ? KG

◀答案在P112。

外觀酷似暴龍

特暴龍

棲息年代 2億5000萬 2億 1億5000萬 1億 5000萬 0（年前）
→現代

古生代
中生代
新生代

亞洲最大的肉食性恐龍

驚奇度
S・A・B・C
A

生物資料

學名：Tarbosaurus
棲息年代：中生代白堊紀
棲息地：蒙古、中國、俄羅斯
分類：蜥臀目 獸腳亞目
體長：12m **體重：**5000kg
食性：肉食性

特暴龍的外觀、大小都幾乎跟暴龍沒有什麼分別，但根據研究的結果，特暴龍的體型稍微比較瘦長。雖然感覺就像春秋季商品的差別，但目前學者認為是不同的種類。

大小比較圖

答案 ①牛 學名Carnotaurus意為「食肉的牛」，肉食性動物卻長有犄角，相當罕見。

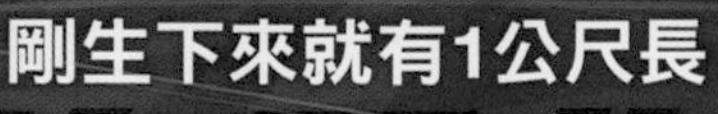

海王龍

棲息年代 2億5000萬 2億 1億5000萬 1億 5000萬 0（年前）
➡ 現代

轉為成龍後有14公尺長

驚奇度
S◂A◂B◂C
A

生物資料

學名：Tylosaurus
棲息年代：中生代白堊紀
棲息地：北美、歐洲、約旦
分類：爬蟲綱 有鱗目　**體長：**14m
體重：?kg
食性：肉食性

海王龍是在海洋中產下幼龍，幼龍剛生下來就有1公尺長。雖然是非常重的寶寶，但容易遭受其他肉食性動物捕食。

然而，轉為成龍後，換成牠們捕食其他肉食性動物。如同弱肉強食這句成語，眼睛所及的獵物一個都不放過。

大小比較圖

武器是巨大的鉤爪

猶他盜龍

棲息年代 2億5000萬 2億 1億5000萬 1億 5000萬 0（年前）
➡現代

倘若身體龐大，鉤爪當然也巨大

驚奇度 S·A·B·C **B**

古生代 中生代 新生代

生物資料

學名：Utahraptor
棲息年代：中生代白堊紀
棲息地：美國
分類：蜥臀目 獸腳亞目
體長：7m **體重：**1000kg
食性：肉食性

猶他盜龍有著全長7公尺的龐大身軀，加上後腳具有長超過20公分的巨大鉤爪。身為肉食性動物的牠們，會以其鉤爪為武器積極地襲擊獵物吧。另外，有一種說法是，牠們也很聰明，會採取集團狩獵。

大小比較圖

UTAHRAPTOR
LENGTH:700CM
WEIGHT:1000KG
180cm

謎題 學名中的「Uta」是指什麼東西？ ①美國的猶他州 ②發現者的猶他博士 ③美國的戰艦名稱

牙齒會更換好幾次

埃德蒙頓龍

棲息年代　2億5000萬　2億　1億5000萬　1億　5000萬　0（年前）
➡現代

驚奇度
S‧A‧B‧C
B

堅硬的東西也嘎吱嘎吱吃下肚

生物資料

學名：Edmontosaurus
棲息年代：中生代白堊紀
棲息地：加拿大、美國
分類：鳥臀目 鳥腳亞目
體長：15m　**體重：**9000kg
食性：草食性

人類的牙齒一生只會換牙一次，而埃德蒙頓龍的牙齒老舊後脫落，會換長好幾次新牙。倘若擁有這般便利的牙齒，就不太需要在意欠缺或者磨損，即便是非常堅硬的植物，也能一臉沒什麼大不了地食用。

大小比較圖

EDMONTOSAURUS
LENGTH:15M
WEIGHT:9000KG

◀答案在P116

史上最大的魚類

秀尼魚龍

棲息年代　2億5000萬　2億　1億5000萬　1億　5000萬　0（年前）

現代

古生代

中生代

新生代

驚奇度

S◂A◂B◂C

A

只有幼龍長有牙齒

生物資料

學名：Shonisaurus

棲息年代：古生代三疊紀

棲息地：加拿大、美國

分類：爬蟲綱 魚龍目

體長：21m　**體重**：35000kg

食性：肉食性

秀尼魚龍是全長可達21公尺的最大級魚龍類，推測幼龍時期長有牙齒，可用來捕食菊石、魚類。然而，長為成龍後，這些牙齒就會消失不見，目前仍舊不清楚成龍是以什麼為食。

大小比較圖

SHONISAURUS
LENGTH:21M
WEIGHT:35000KG

答案　①美國的猶他州　由在猶他州發現來命名，Utahraptor意為「猶他州的盜賊」。

「甲龍類」的代表種

背甲龍

棲息年代　2億5000萬　2億　1億5000萬　1億　5000萬　0（年前）
→現代

驚奇度
S‧A‧B‧C
B

身上裝備了武器和防具

生物資料

學名：Ankylosaurus
棲息年代：中生代白堊紀
棲息地：美國、加拿大
分類：鳥臀目 甲龍亞目
體長：8m　**體重：**8000kg
食性：草食性

背甲龍的全身覆蓋了骨頭構成的鎧甲，頭部不用說，似乎連眼瞼上都有堅固的防護。另外，牠們也有著強力的武器，尾巴前端長著骨頭腫瘤，將其當作榔頭一樣揮舞來攻擊肉食性恐龍。

大小比較圖

海星、海膽的同伴

鏈海百合

棲息年代　2億5000萬　2億　1億5000萬　1億　5000萬　0（年前）
➡現代

驚奇度
S・A・B・C
C

平淡無奇的大海之旅

生物資料

學名： Seirocrinus
棲息年代： 中生代侏羅紀
棲息地： 加拿大、美國、德國
分類： 棘皮動物門 海百合綱
體長： 26m　**體重：** ?kg
食性： 濾食性

在遠早於漫畫《海賊王》尋找大秘寶的侏羅紀，就有一群集結起來展開大海之旅的生物——鏈海百合。載運牠們的不是海賊船，而是隨處可見的漂流木，鏈海百合會聚集黏著漂流木，一味地漂流在海上。

大小比較圖

SEIROCRINUS SUBANGULARIS
LENGTH:26M　WEIGHT: ? KG

謎題　下列何者不是實際存在的生物？　①海浦公英 ②海玫瑰 ③海向日葵

◀答案在P120

第3章

新生代

約6600萬年前～現在

終於來到哺乳類和鳥類的時代，似曾相識的生物放大版在地球上橫行！

因溫暖的氣候巨大化

泰坦巨蟒

棲息年代　6000萬　5000萬　4000萬　3000萬　2000萬　1000萬（年前）→現代

古生代
中生代
新生代

小知識

許多蛇類的同伴擅長游泳，推測泰坦巨蟒也是棲息於熱帶雨林中的河川附近，在水中游泳捕食愛吃的魚類。

驚奇度
S・A・B・C
S

長13公尺的超巨大蟒蛇

答案　③海向日葵　海蒲公英是海藻的一種；海玫瑰是珊瑚的一種。

生物資料

學名	Titanoboa	棲息年代	新生代古近紀古新世
棲息地	哥倫比亞	分類	爬蟲綱 有鱗目
體長	13m	體重	1100kg
食性	肉食性		

泰坦巨蟒是至今發現最為巨大的蛇類，體長推測可達13公尺，似乎有時會吞下一整條鱷魚。

蛇類的同伴是體溫會隨氣溫升降的變溫動物，變溫動物在愈溫暖的環境愈容易巨大化；愈寒冷的環境愈容易縮小化。泰坦巨蟒棲息的6000萬年前的地球比現在還要溫暖，所以才會長得如此巨大吧。

然後，泰坦巨蟒不僅只身體綿長，體重也推測超過1公噸。考量到現代最重的蛇類水蟒（Eunectes）約重250公斤，牠們真的是令人難以置信的大隻。

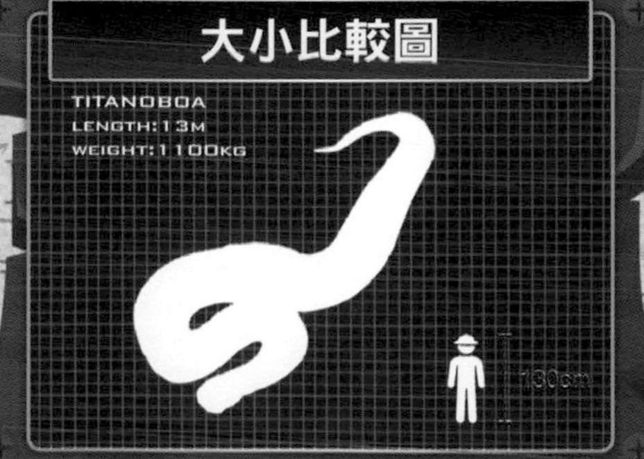

QUIZ 謎題

Q.泰坦巨蟒的大小接近下列何者？

①1台大型公車
②1節山手線的列車
③1節新幹線希望號的列車

答案在下一頁

雖然不能飛行，但能夠猛速衝刺

巨恐鳥

古生代
中生代
新生代

小知識

為了幫助消化食物，巨恐鳥有著吞食石頭的習慣。想要獲得肉和羽毛的人類，會讓牠們吞下燒燙的石頭。

驚奇度
S·A·B·C
A

鳥類當中最高大的物種

答案 **①1台大型公車** 大型公車的大小約為12公尺。

生物資料

學名	Dinornis
棲息年代	1.2萬年前～數百年前
棲息地	紐西蘭
分類	鳥綱 恐鳥目
體長	3.6m
體重	230kg
食性	草食性

簡單來說就是「巨大的鴕鳥」，鴕鳥是現今地球上最大的鳥類，身高超過2公尺，但巨恐鳥比鴕鳥還要更加巨大。

身高最高可達3.6公尺、體重推測可達230公斤，雖然存在體重比牠們還重的鳥類，但身高是至今發現的鳥類當中排名第一。或許因為是妻管嚴的社會，雌鳥似乎會比雄鳥大上1.5倍。

然而，原本繁殖能力就疲弱，遇到人類是牠們悲慘的命運，在距今數百年前左右滅絕了。

QUIZ 謎題

Q.巨恐鳥的滅絕可能與下列何者有關？

①印地安人
②毛利人
③塞爾特人

答案在下一頁

隆重登場！我們是靈長類

巨猿

古生代
中生代
新生代

身高超過2公尺？

驚奇度
S・A・B・C
A

小知識

巨猿和貓熊都棲息於中國，過著相似的飲食生活。熊貓拼命地食用竹子、細竹的葉子，據說後來因糧食缺乏而滅絕。

答案　②毛利人　生活地點與巨恐鳥出現棲地重疊。

生物資料

學名	Gigantopithecus	棲息年代	新生代第四紀更新世
棲息地	中國、越南、印度	分類	哺乳綱 靈長目
體長	2m	體重	300kg
食性	草食性		

新生代迎來結束後，終於換成跟我們一樣的靈長目人科開始繁盛，比如名為巨猿的類人猿也是其中之一。相較於前面介紹的生物，其外觀令人覺得莫名懷念。

雖然很多人聽過該名字，但實際上巨猿仍舊謎團重重。由於僅找到牙齒和下顎的化石，所以身高也不是很明確。

不過，巨猿的下顎至少是我們的2倍以上。由此推測，巨猿可能是超過2公尺的靈長類。

QUIZ
謎題
Q下列人科同伴中誰的頭腦最大？
①大猩猩 ②黑猩猩
③紅毛猩猩
答案在下一頁

意外不擅長爬樹

大地懶

棲息年代 5000萬 4000萬 3000萬 2000萬 1000萬 0 （年前）

→現代

古生代

中生代

新生代

驚奇度 S·A·B·C

S

過於強大的樹懶

小知識

與人類相遇後，大地懶的和平時光迎來結束。學者推測，牠們遭到拿著槍等武器的人類陸續捕殺，最後就這樣直接滅絕。

答案 ①**大猩猩** 腦袋大小順序，大猩猩＞紅毛猩猩＞黑猩猩。

生物資料

學名	Megatherium	棲息年代	新生代新近紀上新世～第四紀全新世
棲息地	南美、美國	分類	哺乳綱 披毛目
體長	6m	體重	4000kg
食性	草食性		

在多如繁星的動物當中，沒有比「樹懶」更為直接的命名了，因幾乎待在樹上不動而稱為「樹懶」。聽其名不會聯想「感覺好像很強悍！」實際上也是弱到令人憐憫。

然而，在新生代第四紀更新世的時代，存在堪稱無敵的樹懶，牠們的名字就是大地懶。現代的樹懶最大也只有70公分左右，但大地懶的體長據說可達6公尺。

雖然牠們棲息於地上，但擁有如此龐大的身軀，應該沒有可稱為天敵的對手吧。看到輕而易舉就被幹掉的後代，牠們現在應該在天國嘆氣吧。

大小比較圖
MEGATHERIUM
LENGTH:600CM
WEIGHT:4000KG
QUIZ
謎題
Q.樹懶會為了什麼事情離開樹上？
①交尾 ②進食
③排泄
答案在下一頁

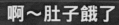

啊～肚子餓了

巨牙鯊

棲息年代　2億5000萬　2億　1億5000萬　1億　5000萬　0　(年前)

➡ 現代

古生代

中生代

新生代

也會捕食鯨魚的超巨大鯊魚

驚奇度 S・A・B・C

S

小知識

鯊魚的骨頭柔軟，基本上不會殘留成化石。因此，說到鯊魚的化石，大部分是指牙齒的化石。即便是巨牙鯊，也是從牙齒化石來推測體型。

答案　③排泄　交尾和進食都在樹上進行，但排泄時會從樹上爬下來。

生物資料

學名	Carcharodon	棲息年代	新生代古近紀古新世～第四紀更新世
棲息地	世界各地	分類	軟骨魚綱 鼠鯊目
體長	18m	體重	20000kg
愛好	鯨魚		

巨牙鯊的日文名是「ムカシオオホホジロザメ」，意為很久以前的巨大白鯊，多麼簡單易懂的名稱啊。

大白鯊容易讓人聯想到「鯊魚＝吃人」的意象，認為是鯊魚界最兇殘粗暴的物種。然而，大部分的鯊魚其實很膽小，幾乎不會襲擊人類，但巨牙鯊在過去奪走了許多人的性命。

大白鯊的全長約可達6公尺，相當巨大，但巨牙鯊的全長可超過大白鯊的3倍。學者認為，巨牙鯊在當時的海洋中是最強的存在，但隨著時代演變逐漸缺少食物，最後迎來滅絕。

QUIZ 謎題

Q 日本曾經將巨牙鯊的牙齒化石誤認為什麼？
①河童的頭頂碟子
②天狗的爪子
③人魚的尾巴

答案在下一頁

雖然長這樣但我也是兔子

米諾卡島兔王

古生代
中生代
新生代

這才叫作「悠閒度日」

驚奇度
S·A·B·C
B

小知識

澳洲原本沒有兔子，自1856年英國人引進24隻後，迅速繁衍增加到8億隻，生態系整個大幅地改變。

答案 ②天狗的爪子 在日本也有出土化石，曾經認為是天狗殘留下來的部位。

生物資料

學名	Nuralagus rex	棲息年代	新生代新近紀上新世
棲息地	西班牙	分類	哺乳綱 兔形目
體長	90cm	體重	12kg
食性	草食性		

2011年，學者在西班牙的梅諾卡島（Menorca）發現巨大的兔子化石，推測這種兔子棲息於360～530萬年前，以「梅諾卡島的兔王」之意取名為Nuralagus rex。

既沒有骨碌碌的雙眼，也少了長長的耳朵，更不會一跳一跳的兔子跳，雖然頭骨、牙齒有兔子的影子，但牠們跟現代的兔子相去甚遠，眼睛小、耳朵短、行動也遲緩。

簡單來說，牠們沒有任何特別的技能，但當時的梅諾卡島也不存在天敵吧，可能實在過得太悠閒了，一不小心就巨大化了。

大小比較圖

QUIZ 謎題

Q.兔子的祖先誕生於多久以前？

①1000萬年前

②2000萬年前

③4000萬年前

答案在下一頁

史上最大級的陸生肉食性哺乳類

安氏獸

古生代
中生代
新生代

我其實，不擅長狩獵……

驚奇度
S·A·B·C
A

小知識

恐龍滅絕後，哺乳類取而代之在空出來的生活空間繁衍興盛，開始了持續到現代的哺乳類時代。

答案 ③**4000萬年前** 學者推測最古老的兔子誕生於約4000萬年前。

生物資料

學名	Andrewsarchus	棲息年代	新生代古近紀始新世
棲息地	中國內蒙古	分類	哺乳綱 偶蹄目
體長	3.8m	體重	450kg
愛好	肉、腐肉		

邁入新生代古近紀後，草食性哺乳類變得多種多樣，瞄準草食性動物的肉食性哺乳類也數量增加。順便一提，貓狗的祖先也是在這個時代登場。

雖然存在許多大型物種，但當中最為巨大的是安氏獸，比被稱為「百獸之王」獅子還要大上一、兩圈，是最大級的陸生肉食性哺乳類。尤其，頭部的大小就佔約體長的4分之1。

然而，牠們似乎不是優異的獵人。如同看到帥哥運動表現淒慘，內心湧現莫名的失落感，牠們並不積極地從事狩獵，推測可能是以動物的屍體為食。

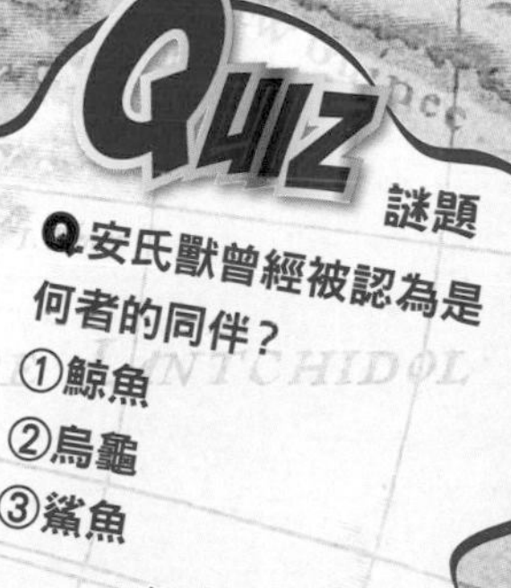

QUIZ
謎題
Q 安氏獸曾經被認為是何者的同伴？
①鯨魚
②烏龜
③鯊魚

答案在下一頁

真想要一直吃下去

巨犀

棲息年代	5000萬	4000萬	3000萬	2000萬	1000萬	0	(年前)

➡ 現代

古生代
中生代
新生代

小知識

巨犀屬於奇蹄目家族。雖然現在奇蹄目只有馬科、貘科、犀科等三科，但古近紀時棲息了各式各樣的奇蹄類。

驚奇度

S-A-B-C

S

宛若長頸鹿的巨大犀牛

答案 ①鯨魚　由牙齒的形狀相似，曾經被認為分類接近鯨魚。

生物資料

學名	Paraceratherium	棲息年代	新生代古近紀始新世～漸新世
棲息地	亞洲、西班牙、保加利亞	分類	哺乳綱 奇蹄目
體長	7.5m	體重	15000kg
食性	草食性		

雖然看起來像是馬一樣的長頸鹿，又像是長頸鹿一樣的大象，但巨犀是犀牛的同伴，推測體長可達7.5公尺、肩高可達4.5公尺，許多人認為是史上最大的陸生哺乳類。

雖說是犀牛的同伴，但沒有犄角、腿部也細長，而且脖子長度也跟犀牛相去甚遠，生活型態大概接近食用高大樹木葉子的長頸鹿吧。

為了維持這個身體，牠們應該要不斷地進食。學者推測，環境的變化造成樹木銳減，牠們「時代落後」的巨體終將迎接滅絕。

QUIZ 謎題

Q.發現巨犀的人是下列哪個電影主角的原型？

①印第安納・瓊斯
②哈利波特
③湯姆・索亞

答案在下一頁

棲息年代　5000萬　4000萬　3000萬　2000萬　1000萬　0（年前）

➡ 現代

古生代

中生代

新生代

鳥喙像是長有牙齒

小知識

鳥類被認為是從恐龍中的獸腳類家族演化而來，這個獸腳類包含了暴龍、棘龍、鐮刀龍等。

答案　①印第安納・瓊斯（Indiana Jones）　羅伊・查普曼・安德魯斯（Roy Chapman Andrews）。他被認為是印第安納・瓊斯的原型。

生物資料

學名	Osteodontornis	棲息年代	新生代新近紀中新世
棲息地	日本、美國	分類	骨齒鳥屬
體長	4.9m	體重	?kg
食性	肉食性		

現代鳥類沒有長有牙齒的物種，這可能是為了飛在空中，盡可能減少身體的重量吧。鳥類被認為是恐龍的後代，但在演化的過程中失去牙齒、獲得了鳥喙。

那麼，這邊再重新來看骨齒鳥的樣貌，看起來像是長有牙齒，牠們的學名也意為「具有骨齒的鳥」，不過牠們果然沒有牙齒。

雖然感覺是混淆視聽，但這並非真正的牙齒，而是鳥喙本身如同牙齒變成鋸齒狀。具有類似骨齒鳥特徵的鳥類，被稱為「骨齒鳥類」。

QUIZ
謎題
Q.目前發現幾種現代鳥類不具有鳥喙？
①1種都沒有
②約10種
③約100種
答案在下一頁

巨大如牛的老鼠

帕特森尼巨鼠

棲息年代 5000萬 4000萬 3000萬 2000萬 1000萬 0 （年前） → 現代

古生代
中生代
新生代

已經不能稱為小傢伙

小知識

在現代哺乳類當中，齧齒動物可說是最為繁盛的家族。地球上存在約5000種的哺乳類，其中老鼠的同伴就佔了一半。

驚奇度 S‧A‧B‧C

S

答案 ①1種都沒有 已經發現的所有鳥類都具有鳥喙。

生物資料

學名	Phoberomys pattersoni	棲息年代	新生代新近紀中新世～上新世
棲息地	南美（委內瑞拉）	分類	哺乳綱 齧齒目
體長	3m	體重	700kg
食性	草食性		

恐龍原本就給人「巨大」的印象，就算有30公尺級的巨大尺寸，「嘛，就是那樣吧。」許多人也只是這麼想吧。不如說原本以為小型的物種很大隻，這種大小落差愈大，帶來的衝擊才會愈大。

就這點來說，帕特森尼巨鼠就令人印象深刻，畢竟天竺鼠的同伴竟然有3公尺長。順便一提，體重推測有700公斤，大小近似牛隻，但長尾巴可幫忙取得平衡，似乎能夠用後腳站立。

天竺鼠是相當有人氣的寵物，倘若回家看見這種巨鼠，肯定會被嚇得驚聲尖叫吧。

QUIZ
謎題
Q 巨鼠的別名「Guinea-Zilla」是什麼意思？
①吉拉町的天竺鼠
②吉拉先生的天竺鼠
③如同哥吉拉般的天竺鼠
答案在下一頁

這隻是史上最大的老鼠

莫尼西鼠

棲息年代 5000萬 4000萬 3000萬 2000萬 1000萬 0 （年前）
現代

古生代
中生代
新生代

體重竟然超過1公噸

小知識

莫尼西鼠和帕特森尼巨鼠都是南美出身，除此之外南美還有名為「Eumegamys」的巨大老鼠，推測體長為2～3.5公尺，頭骨長可達50公分。

驚奇度
S‧A‧B‧C
S

答案 ③如同哥吉拉般的天竺鼠 「Guinea pig」（天竺鼠的英文）＋「Godzilla」（哥吉拉怪獸）。

生物資料

學名	Josephoartigasia monesi	棲息年代	新生代新近紀中新世
棲息地	南美（委內瑞拉）	分類	哺乳綱 齧齒目
體長	3m	體重	1000kg
食性	草食性		

前頁介紹了帕特森尼巨鼠，但牠們其實不是史上最大的老鼠，比牠們更大隻的是發現於南美的莫尼西鼠。

外觀近似同為齧齒類的水豚，體長跟帕特森尼巨鼠同為3公尺左右，但體重卻重上許多，推測超過1公噸。

史上最大型的寶座爭奪戰炙熱展開，內心不由得想問：「究竟什麼才叫作老鼠？」雖然帕特森尼巨鼠和莫尼西鼠都是素食主義者，但長得如此巨大真的有意義嗎？

QUIZ 謎題

Q 莫尼西鼠的咬合力有多強勁？

①跟倉鼠差不多
②跟人差不多
③跟老虎差不多

答案在下一頁

幾乎跟長頸鹿一樣大小

大駝

古生代
中生代
新生代

驚奇度
S·A·B·C
A

沒有駝峰的巨大駱駝

小知識

如同這隻大駝一般，駱駝科的祖先誕生於北美。當時的北美與俄羅斯相連，駱駝橫跨大陸朝向亞洲發展。

答案 ③跟老虎差不多　學者推測其門齒的咬合力跟老虎差不多強勁。

生物資料

學名	Titanotylopus	棲息年代	新生代新近紀上新世～第四紀全新世
棲息地	北美	分類	哺乳綱 鯨偶蹄目 駱駝科
體長	5m	體重	?kg
食性	草食性		

許多人應該能夠從外表輕易猜出大駝是駱駝的同伴，除了媲美長頸鹿的高大與背部沒有駝峰之外，外觀跟現代駱駝幾乎沒有差異。

駱駝的駝峰儲存了大量的脂肪，是用來當作備用營養槽的部位。在沙漠的嚴峻環境下，找不到食物是稀鬆平常的事情，此時駱駝會從駝峰來攝取營養。

另一方面，大駝沒有駝峰，雖然看到可能會戲說：「這還真是輕鬆。」但當時的環境或許沒有如今的沙漠般嚴峻。

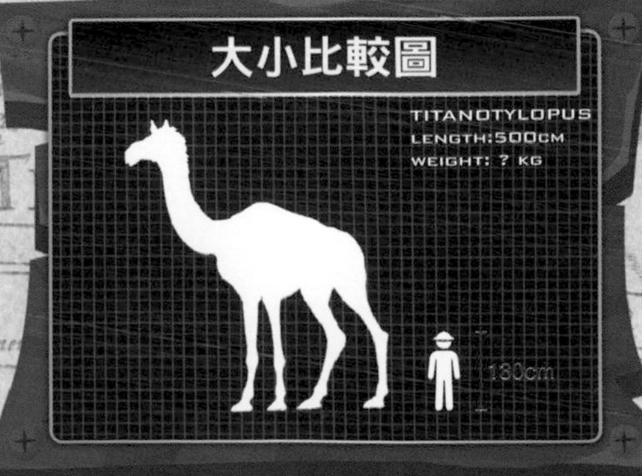

QUIZ
謎題
Q.哪一種駱駝比較耐熱？
①單峰駱駝
②雙峰駱駝
③兩者同樣耐熱
答案在下一頁

不要看左邊啦

海象鯨

古生代

中生代

新生代

驚奇度
S·A·B·C
A

僅有右獠牙超過1公尺

小知識

在現代動物當中，招潮蟹以左右不對稱出名。和螃蟹的螯相似，只有雄蟹其中一邊的螯鉗會變大，至於是左邊還是右邊則要視個體而定。

答案 ①單峰駱駝 單峰駱駝比較耐熱；雙峰駱駝比較耐寒。

生物資料

學名	Odobenocetops	棲息年代	新生代新近紀中新世～上新世
棲息地	祕魯、智利	分類	哺乳綱 鯨偶蹄目
體長	2.5～3m	體重	?kg
愛好	雙殼貝		

大部分的動物身體呈現左右對稱，僅右邊的腳肢較長會難以步行、僅右邊的翅膀較小會沒辦法順利飛行，無論是人類、魚類還是鳥類，都演化成左右對稱的身體。

然而，名為海象鯨的鯨魚同伴，卻不受這般常識所約束，相對於左邊的獠牙約為25公分，右邊的獠牙超過1公尺。

而且，這項特徵僅顯現在雄鯨身上，牠們可能是用這根長獠牙來吸引雌鯨吧。不曉得有沒有雄鯨因不小心轉向左邊，結果遭到雌鯨嘲笑而感到沮喪呢？

大小比較圖
ODOBENOCETOPS
LENGTH:250-300CM
WEIGHT: ? KG

QUIZ
謎題
Q.學名Odobenocetops意指什麼臉蛋的鯨魚？
①海獅
②海狗
③海象
答案在下一頁

左右犄角共重45公斤

巨大角鹿

棲息年代　5000萬　4000萬　3000萬　2000萬　1000萬　0　（年前）

➡現代

驚奇度　S・A・B・C　A

因犄角而生、因犄角而死

古生代　中生代　新生代

小知識

日本也有名為矢部大角鹿（Sinomegaceros yabei）的特有種棲息，從腳底到犄角前端的高推測有2.5公尺，據說是現今日本鹿的3倍大。

答案　③**海象**　意指「海象臉的鯨魚」，生態似乎也接近海象。

生物資料

學名	Megaloceros giganteus	棲息年代	新生代第四紀更新世
棲息地	歐洲、亞洲	分類	哺乳綱 鯨偶蹄目 鹿科
體長	2.3m	體重	400kg
食性	草食性		

在日本說到「大角鹿」，通常是指這個巨大角鹿。雖然身軀也很龐大，但令人在意的果然是巨大的犄角，據說其犄角最大可寬達3公尺。

倘若自己頭上長了這樣的犄角會如何呢？不但會鈣質不足，似乎也無法迅速移動，需要傾斜才能夠搭乘電車，很容易想像生活變得不方便。

這對犄角似乎是用來和其他雄鹿爭鬥、吸引雌鹿的部位，但學者推測，牠們最後也因為這對犄角而滅絕。太大也令人感到困擾。

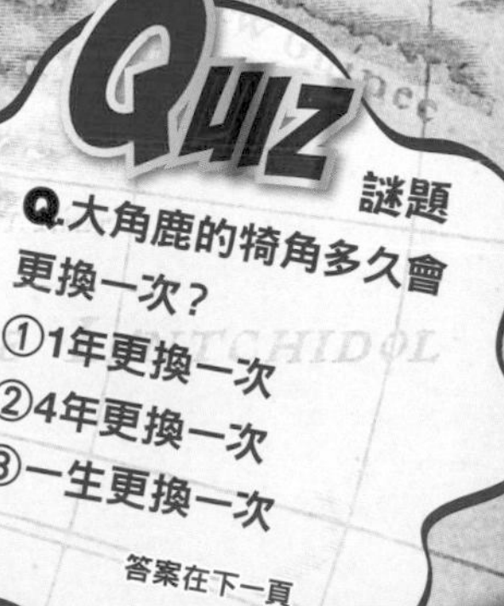

QUIZ
謎題
Q.大角鹿的犄角多久會更換一次？
①1年更換一次
②4年更換一次
③一生更換一次
答案在下一頁

距離偶像差得很遠

拉氏袋小齒獸

棲息年代 5000萬 4000萬 3000萬 2000萬 1000萬 0 （年前） ➡ 現代

驚奇度 S·A·B·C **B**

體重70公斤的樹上生活

古生代 中生代 新生代

小知識

在現今地球上，紅毛猩猩是最大的樹上生活動物。紅毛猩猩是雄性比較大隻，體重約70公斤，因身體很重也時常在地上移動。

答案 ①1年更換一次 犄角每年都會重新生長，需要消耗大量的鈣質。

生物資料

學名	Nimbadon lavarackorum	棲息年代	新生代新近紀中新世
棲息地	澳洲	分類	哺乳綱 雙門齒目
體長	1.3m70kg	體重	70kg
食性	草食性		

無尾熊可說是動物界的超級偶像，在其棲息地的澳洲，能夠擁抱無尾熊的動物園非常受到歡迎。

然而，棲息於古代澳洲類似無尾熊的生物，卻一點都不可愛，牠們叫作拉氏袋小齒獸，推測體重可達70公斤。70公斤就幾乎等於人類的成年男性，但卻像無尾熊一樣過著樹上生活。

「吶、吶，抱我一下。」即便被這樣央求，與其說是擁抱不如說是重量訓練。順便一提，拉氏袋小齒獸的臉蛋似乎也不像無尾熊一樣可愛。

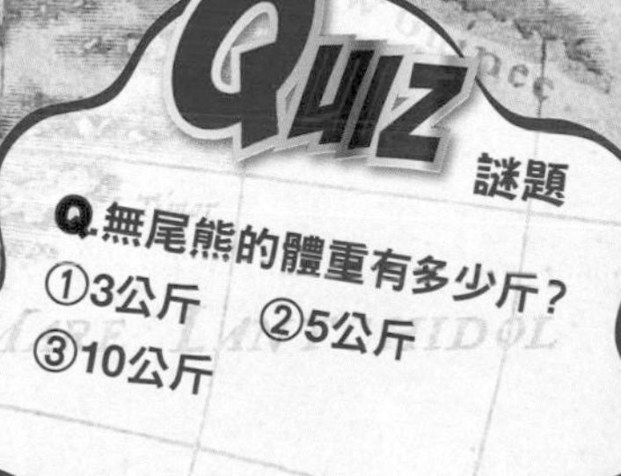

QUIZ
謎題
Q.無尾熊的體重有多少斤？
①3公斤 ②5公斤
③10公斤
答案在下一頁

感覺不會被選為十二生肖

凶齒豨

棲息年代　5000萬　4000萬　3000萬　2000萬　1000萬　0　（年前）

→現代

古生代

中生代

新生代

驚奇度

S‧A‧B‧C

B

大小是山豬的2倍以上

小知識

凶齒豨的臉上長有腫瘤，推測是用來與對手爭鬥地盤、吸引雌性，腫瘤似乎會隨著年齡增長而變大。

答案　③10公斤　實際抱起來還挺重的。

生物資料

學名	Daeodon	棲息年代	新生代古近紀漸新世～新近紀中新世
棲息地	美國	分類	哺乳綱 鯨偶蹄目
體長	3m	體重	1000kg
食性	雜食性		

山豬的身體能力相當驚人，倘若認為「豬是人類的好朋友」而輕易靠近，肯定會被其高速猛撲撞飛。牠們一旦進入攻擊狀態，就停不下來。

在新生代中期的北美，曾經棲息名為凶齒豨宛若巨大山豬的動物，推測體長有3公尺，跟山豬同樣為雜食性，咬合力似乎非常強勁。

從凶齒豨的頭骨化石可發現好幾道傷痕，牠們可能是用頭大力衝撞對手來爭鬥吧。3公尺的巨大身體不斷猛撲，光是想像腳就快站不穩了。

謎題

Q山豬和家豬的關係是？

①山豬是家豬的祖先

②家豬是山豬的祖先

③兩者沒有什麼關係

答案在下一頁

阿根廷的怪鳥

阿根廷巨鷹

棲息年代 5000萬 4000萬 3000萬 2000萬 1000萬 0（年前）→現代

古生代
中生代
新生代

重達80公斤也能翱翔天際

驚奇度 S·A·B·C **S**

小知識

現今地球上最大型的鳥類，是棲息於南美安地斯山脈的安地斯神鷹（Andian Condo），展開後的翅膀長約3公尺、體重約10公斤，但正面臨滅絕的危機。

答案 ①山豬是家豬的祖先　馴養的野生山豬經過不斷地品種改良，最後誕生了家豬。

生物資料

學名	Argentavis	棲息年代	新生代新近紀中新世
棲息地	南美	分類	鳥綱 鷹形目
體長	7m	體重	80kg
愛好	腐肉		

阿根廷巨鷹是曾經棲息於南美的巨大猛禽類，推測展開後的翅膀長可達7公尺、體重可達80公斤。

這樣的怪鳥真的能夠翱翔天際嗎？現代的鳥類骨頭空洞化，沒有辦法憋住排泄物，付出了這麼多的犧牲盡可能減輕體重，才終於有辦法飛上天空。對現在的鳥類來說，肯定會笑說：「別開玩笑了，80公斤怎麼飛啊。」

然而，阿根廷巨鷹能夠翱翔天際，學者推測牠們是利用上昇氣流，如同安地斯神鷹般滑翔。凡事有志者事竟成，人類和鳥類有著同樣的道理也說不定。

Q.現代最小鳥類吸蜜蜂鳥（Mellisuga helenae）的體重是？

①2公克 ②20公克 ③200公克

答案在下一頁

想要成為你的孩子

雙門齒獸

棲息年代	5000萬	4000萬	3000萬	2000萬	1000萬	0	(年前)

➡ 現代

古生代

中生代

新生代

腹部的育幼袋也很巨大

小知識

袋鼠的育幼袋是開口朝上，而袋熊的育兒袋是開口朝後，這是為了防止挖洞時砂石跑進育兒袋裡。

驚奇度

S・A・B・C

A

答案 ①**2公克** 吸蜜蜂鳥的體種僅約2公克，只有兩枚1日圓的重量。

生物資料

學名	Diprotodon	棲息年代	新生代新近紀上新世～1.2萬年前		
棲息地	澳洲	分類	哺乳綱 門齒目		
體長	3m	體重	2800kg	食性	草食性

袋鼠、無尾熊等，腹部具有育兒袋養育寶寶的同伴稱為「有袋類」。澳洲是現在知名的有袋類棲息地，但在過去就已經存在許多有袋類了。

其中，最大級的物種是雙門齒獸。雖然牠們是現代袋熊的同伴，但相對於袋熊的體長約1公尺，雙門齒獸的體長推測可長達3公尺。

而且，其開口朝後的育兒袋，尺寸巨大到似乎能夠裝進一位成年人。順便一提，牠們性情溫馴、行動也遲緩，待在育兒袋裡的舒適度肯定非常棒吧。

Q.當前澳洲棲息了幾種有袋類？

①約60種

②約140種

③約320種

答案在下一頁

長3公尺的巨大犰狳

雕齒獸

棲息年代	5000萬	4000萬	3000萬	2000萬	1000萬	0	(年前)

➡ 現代

驚奇度 S·A·B·C
A

小知識

以雕齒獸為首，許多動物的學名最後都會加上「don」。「don」在希臘語中是「牙齒」的意思，Glyptodon意為「經過雕刻的牙齒」。

甲殼太過堅硬，反而變成目標

答案 ②約140種　除了有袋類之外，澳洲也棲息了許多特有種。

生物資料

學名	Glyptodon	棲息年代	新生代新近紀上新世～1.2萬年前
棲息地	南美（阿根廷、玻利維亞、祕魯、哥倫比亞、巴拉圭、烏拉圭、委內瑞拉）		

分類	哺乳綱 有甲目	體長	3m	體重	2000kg	食性	草食性

雕齒獸是古代巨大的犰狳，雖然無法如現在的犰狳捲成一團，但會將手腳縮進覆蓋全身的半圓狀甲殼裡，如同烏龜般守護自身。

這個甲殼是由小骨板聚集而成，堅硬程度不容小覷，對輕微的攻擊是完全無動於衷，多麼便利的甲殼啊。

然而，太過堅硬反而不好，「這不是可以做成盾牌嗎？」「啊啦，這也可以鑲嵌進防具裡。」結果遭受當時的人類相繼獵捕。倘若人類的慾望不要那麼深，牠們或許就不會滅絕了。

大小比較圖
GLYPTODON
LENGTH:300CM
WEIGHT:2000KG

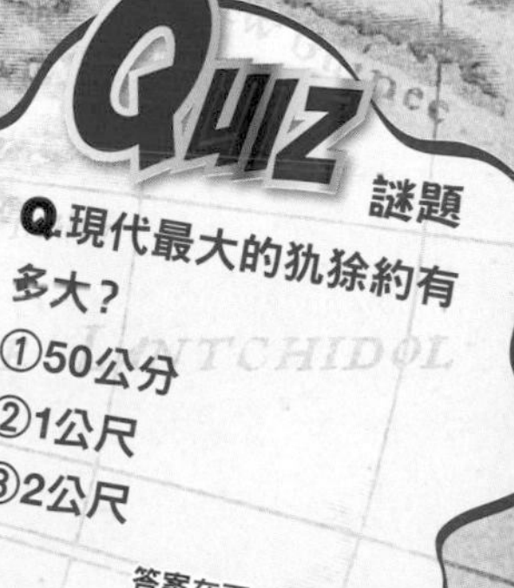
QUIZ
謎題
Q.現代最大的犰狳約有多大？
①50公分
②1公尺
③2公尺
答案在下一頁

巨型熊齒獸

棲息年代 5000萬 4000萬 3000萬 2000萬 1000萬 0 (年前) ➡現代

古生代 中生代 新生代

比棕熊還要更大隻

驚奇度 S‧A‧B‧C **B**

小知識

跟熊齒獸分類接近的眼鏡熊棲息於南美，因在覆蓋黑色皮毛的臉部上，白皮毛模樣宛若眼鏡而得名。

答案 ②1公尺　現代最大的是大犰狳（Priodontes maximus），體長最大可達1公尺。

生物資料

學名	Arctodus	棲息年代	新生代第四紀更新世
棲息地	加拿大、美國、墨西哥、玻利維亞	分類	哺乳綱 食肉目
體長	3m	體重	1000kg
食性	雜食性（？）		

現今在日本最強的野生動物應該是棕熊吧。棕熊體長約2公尺、體重約350公斤，在全世界熊類當中算是相當大型，而且行動敏捷、頭腦聰明。

然而，即便是棕熊也難以戰勝巨型熊齒獸吧。棲息於新生代第四紀的牠們，體長推測有3公尺，比棕熊還大上一圈，可能是當時的強力捕食者。

巨型熊齒獸的物種分類接近棲息於南美的眼鏡熊，手腳比現代的熊類更為修長，再加上臉部短小，所以又被稱為「巨型短面熊」。

謎題

Q.巨型熊齒獸的另一個別名是？

①貴賓犬熊

②斑點犬熊

③鬥牛犬熊

答案在下一頁

18公尺的細長身軀

龍王鯨

棲息年代 5000萬 4000萬 3000萬 2000萬 1000萬 0 (年前) 現代

驚奇度 S·A·B·C **S**

學名有「saurus（蜥蜴）」卻是鯨魚的同伴

古生代
中生代
新生代

小知識

鯨魚的祖先是誕生於陸地再返回海洋。被認定最古老鯨魚類的巴基鯨（Pakicetus），如同狗般長有結實的腳肢，能夠同時生活於陸地與水中。

答案 ③鬥牛犬熊（Bullydog bear）因鼻子短扁又被稱為鬥牛犬熊。

生物資料

學名	Pakicetus	棲息年代	新世代古近紀始新世
棲息地	美國、埃及、約旦、巴基斯坦、烏克蘭、非洲北部	分類	哺乳綱 鯨偶蹄目
體長	18m	體重	?kg
愛好	魚類		

身體相當的綿長，但龍王鯨卻是鯨魚的同伴，試著用手指遮住頭部，不覺得比剛才更像是鯨魚了嗎？

相較於身體，龍王鯨的頭部相當的小，感覺就像是爬蟲類。明明歸屬於哺乳類，學名卻如同恐龍取為「saurus（蜥蜴）」就是這個原因。

現代的鯨魚大多沒有牙齒，但龍王鯨的下顎前方和後方長有形狀不同的牙齒。在當時的海洋中，龍王鯨是駭人的捕食者，似乎也會捕食其他鯨魚類。

大小比較圖
BASILOSAURUS
LENGTH: 18M
WEIGHT: ? KG
130cm
QUIZ
謎題
Q.什麼是龍王鯨有，但現代鯨魚沒有的東西？
①後腳 ②犄角
③肺
答案在下一頁
KEEP OUT KEEP OUT

心腸寬厚的大型海牛

斯特拉海牛

古生代
中生代
新生代

驚奇度
S·A·B·C
C

發現後經過27年就滅絕

小知識

海牛是儒艮、牛魚的同伴，皆是草食性、性格溫馴，但斯特拉海牛例外棲息於溫暖的海域。

答案 ①後腳 雖然退化了，但仍舊殘留後腳的骨頭。

生物資料

學名	Hydrodamalis gigas	棲息年代	新生代第四紀
棲息地	俄羅斯、北美、日本	分類	哺乳綱 海牛目
體長	9m	體重	10000kg
愛好	海草		

古生物的滅絕有著各式各樣的理由，但斯特拉海牛滅絕的原因相當悲慘，是因為牠們實在太過溫馴又美味。

某無人島的遇難者吃過牠們的肉後，消息迅速流傳開來。結果，大批獵人前往該座無人島，但過往悠閒生活的牠們，既沒有快速游泳的力量，也沒有進行反擊的武器。

再加上，當發現同伴受傷，牠們就會聚集起來幫忙。就連這份溫柔也遭到利用，最後被一網打盡，從發現到滅絕僅經過短短的27年。

QUIZ
謎題
Q.當時棲息了幾頭斯特拉海牛？
①2000頭 ②5000頭
③10000頭

答案在下一頁

KEEP OUT KEEP OUT

在岩手縣也有發現

草原野牛

古生代
中生代
新生代

如同其名是野牛的祖先

小知識

花泉遺跡似乎是過去用來肢解人類、動物的場所，其他也有發現大角鹿、諾氏古菱齒象、原牛（家畜牛的祖先）等的化石。

驚奇度

S·A·B·C

C

答案 ①**2000頭** 發現當時僅有2000頭，數量相當得少。

生物資料

學名	Bison priscus	棲息年代	新生代第四紀更新世
棲息地	歐洲、亞洲、中亞	分類	哺乳綱 鯨偶蹄目
體長	3.5m	體重	900kg
食性	草食性		

是否曾經在動物園看過野牛的同伴呢？美國野牛的體長約3公尺，近距離觀看相當具有魄力。

草原野牛是這些野牛的祖先，推測體長為3.5公尺、巨大的犄角左右寬可達1.8公尺。只要不是相撲選手，似乎可以坐滿四個人。

有趣的是，在岩手縣的花泉遺跡也發現，被認為跟草原野牛同種（或者物種分類接近）的動物化石，意味著日本過去也存在野牛。這樣聽起來，是不是對牠們產生親切感了呢？

大小比較圖

QUIZ 謎題

Q.英文名稱Steppe bison的「Steppe」是什麼意思？

①跳舞的舞步
②草原　③鞋子

答案在下一頁

棲息年代 5000萬 4000萬 3000萬 2000萬 1000萬 0（年前）→現代

古生代 中生代 新生代

現在仍然存活著!?

驚奇度 S·A·B·C **A**

小知識

眼斑巨蜥（Varanus giganteus）被認為是澳洲現存的最大蜥蜴。即便如此，體長約為2公尺，實在不像是傳聞中巨大蜥蜴的真面目。

答案 ②草原　意為沒有樹木的乾燥草原。

生物資料

學名	Varanus	棲息年代	新生代新近紀中新世～現在？
棲息地	非洲部分區域、新喀里多尼亞、北馬里亞納群島、泰國	分類	爬蟲綱 有鱗目
體長	5～7m	體重	1000kg
食性	肉食性（？）		

巨蜥是體長可達7公尺、史上最大的蜥蜴，雖然物種分類接近現代的科摩多巨蜥（Varanus komodoensis），但大小根本是雲泥之差。

巨蜥的生態謎團重重，雖然由牙齒的形狀推測為肉食性，但真實情況仍舊不明。另外，牠們滅絕的理由也不明瞭，是因為氣候變化？還是食物減少？或者根本沒有滅絕……？

順便一提，在澳洲經常可聽聞「我看到超巨大蜥蜴！」的情報，牠們或許如今仍然存活於南半球大陸的廣袤森林裡。

大小比較圖
MEGALANIA
LENGTH:500-700CM
WEIGHT:1000KG
130cm

QUIZ
謎題
Q.澳洲傳聞中巨大蜥蜴的英文名稱是？
①Giant Monitor
②Mega Monitor
③Super Monitor
答案在下一頁

被誤認為蜥蜴的烏龜

卷角龜

棲息年代　5000萬　4000萬　3000萬　2000萬　1000萬　0　（年前）　➡現代

古生代
中生代
新生代

驚奇度
S·A·B·C
A

與古巨蜥的同捆販售

小知識

最古老的烏龜同伴僅具有腹側的甲殼，倘若牠們是陸生的話，應該是背側先有甲殼才對，由這點可推測烏龜的祖先是海生。

答案　①Giant Monitor　「Monitor」是巨大蜥蜴的意思。真的是Varanus（古巨蜥）嗎？

生物資料

學名	Meiolania	棲息年代	新生代新近紀中新世～第四紀全新世
棲息地	澳洲、新喀里多尼亞	分類	爬蟲綱 龜鱉目
體長	2.4m	體重	?kg
食性	肉食性		

最先被發現的是背骨化石，調查化石的研究人員認為是某種大型蜥蜴的背骨。前頁介紹的巨蜥具有意為「大開膛魔」的別名「Varanus」，由開膛傷口比較小之意，該化石被取名為Meiolania＝「小開膛魔」。

然而，後來發現其他部位的化石，才知道卷角龜並非蜥蜴而是烏龜的同伴，還是全長可達2.4公尺、史上最大的陸龜。

史上最大的蜥蜴與陸龜，雖然不是相同家族的成員，但感覺也是可以拿來同捆銷售。

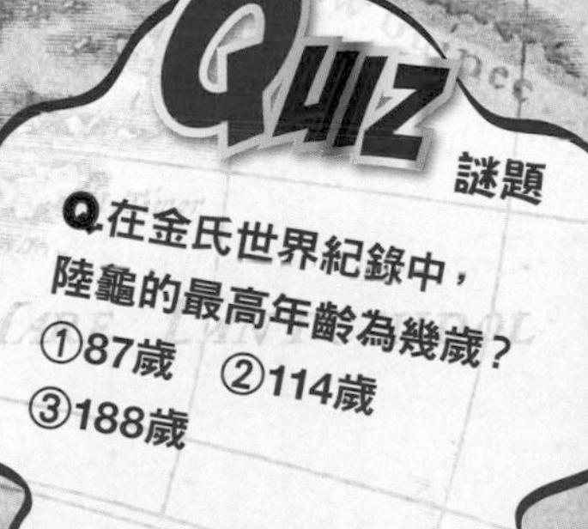

QUIZ
謎題
Q.在金氏世界紀錄中，陸龜的最高年齡為幾歲？
①87歲 ②114歲
③188歲
答案在下一頁

1萬年前滅絕的巨大鳥

泰樂通鳥

棲息年代 5000萬 4000萬 3000萬 2000萬 1000萬 0 (年前) → 現代

古生代 中生代 新生代

由古生物變成UMA？

小知識

就連那個山地大猩猩（Mountain Gorilla）也曾經被認為UMA，儘管過去早已存在目擊情報，但在1901年正式發現之前，學者推測「不可能有這種生物」。

驚奇度 S·A·B·C

C

答案 ③188歲 射紋龜（Astrochelys radiata）「Tu'i Malila」在1965年去世。

生物資料

學名	Teratornis Condor	棲息年代	新生代第四紀更新世～全新世
棲息地	北美	分類	鳥綱 鷹形目
體長	5m	體重	20kg
愛好	腐肉（？）		

雖然尼斯湖水怪、雪人、槌之子……等UMA（未知生物）與古生物是不同的概念，但也不能說是完全沒有關係，畢竟有幾個UMA被認為可能是古代生物的倖存者。

在美國，經常有人目擊到UMA雷鳥（Thunderbird）的蹤影。這是展開後翅膀可達3公尺或者6公尺的巨大鳥，據說過去曾經發生過孩童差點被劫走的事件（未遂）。

有些學者推測，雷鳥可能是1萬年前應該滅絕的泰樂通鳥倖存者。原本認為已經滅絕的腔棘魚（Coelacanthiformes）都倖存下來了，可能性並非為零。

大小比較圖

QUIZ 謎題

Q 下列哪種動物其實並未滅絕？

①巴巴里獅
②日本狼
③渡渡鳥

答案在下一頁

肯定長有巨大的犄角

板齒犀

古生代
中生代
新生代

犄角推測有2公尺長

驚奇度
S·A·B·C
A

小知識

除了體型巨大之外，犄角生長的位置也跟犀牛不一樣。犀牛的犄角是從鼻子附近長出，而板齒犀的犄角似乎是從額頭的正中央長出。

答案 ①巴巴里獅 原本已於1922年被認定滅絕，但摩洛哥國王私有的動物園中尚生存32頭。

生物資料

學名	Elasmotherium	棲息年代	新生代第四紀更新世
棲息地	俄羅斯、中國、土庫曼、烏茲別克、烏克蘭	分類	哺乳類 奇蹄目
體長	4.5m	體重	4000kg
食性	草食性		

板齒犀是體長可達4.5公尺的犀牛同伴。作為犀牛正字標記的犄角，是由毛變化而成，學者推測……板齒犀長有大小如左圖所示的犄角。

只能說「推測」長有如此醒目、宛若魔界竹筍的犄角，是因為並未找到犄角的化石。跟由骨頭構成的犄角不同，由毛變化而來的犄角無法殘留成化石。

犀牛的頭骨有很大的隆起，成為犄角的底座。因為板齒犀也發現類似的特徵，所以才會推測長有犄角。

謎題

Q.下列何者是以板齒犀作為原型？

①地獄看門犬

②獨角獸

③牛頭怪

答案在下一頁

馬達加斯加島的特有種

巨狐猴

棲息年代 5萬 4萬 3萬 2萬 1萬 0 （年前）
現代

古生代
中生代
新生代

史上最大的狐猴

驚奇度
S·A·B·C
C

小知識

在現代的狐猴當中，大狐猴（Indri）是最大的物種，體長約為70公分，以樹葉、果實為食。如眾所皆知，大狐猴們的同伴會聚集起來大合唱。

答案 ②獨角獸　被描寫為頭上長有一根筆直犄角的傳說生物。

生物資料

學名	Megaladapis	棲息年代	新生代第四紀全新世
棲息地	馬達加斯加	分類	哺乳綱 靈長目
體長	1.5m	體重	80kg
食性	草食性		

狐猴這種原始猴的同伴是，僅棲息於馬達加斯加島的特有種，但近年因森林濫伐而失去生活場所，超過100種的狐猴幾乎都面臨滅絕的危機。

巨狐猴是這類狐猴同伴中，體型最為大型的物種。雖然不像現代狐猴有著長手長腳長尾巴，但擅長攀爬樹木，過著以樹葉為食的生活。

牠們滅絕的理由果然也是人類造成的，學者推測是因為森林濫伐、過度狩獵而滅絕。現在存活的狐猴能否遠離危機，全部掌握在我們的手中。

QUIZ 謎題

Q 棲息於馬達加斯加的特有種共有幾種？

①約1萬種

②約7萬種

③約15萬種

答案在下一頁

體長2公尺的巨大海鳥

普雷托普鳥

棲息年代

古生代
中生代
新生代

小知識

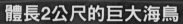

不是空想的存在，人們真的發現了巨大企鵝——碧絲巨鳥企鵝（Kumimanu biceae），推測體長為177公分、體重為101公斤，過去棲息於古近紀古新世。

好想快點變成企鵝

驚奇度 S・A・B・C
A

答案 ③約15萬種（粗體） 學者推測馬達加斯加的特有動植物多達15萬種。

學名	Plotopterum	棲息年代	新生代古近紀漸新世
棲息地	日本	分類	鳥綱 鵜形目
體長	2m	體重	?kg
愛好	魚類		

普雷托普鳥的日文名是「ペンギンモドキ（偽企鵝）」，也許有人會想說：「這樣對如此雄偉的企鵝很失禮耶！」但牠們並非企鵝而是鵜鶘的同伴，真的就如同偽企鵝字面上的意思。

牠們似乎會潛進海中捕捉魚類，不僅只外表，連生活型態都很像企鵝。雖然骨骼結構近似鵜鶘，但這滿溢出來的企鵝感純屬巧合嗎？

然而，近年的研究指出，牠們的腦部比起鵜鶘更接近企鵝。換句話說，牠們是企鵝的可能性提高了，或許不久的將來就會被改稱為「偽鵜鶘」。

大小比較圖

QUIZ 謎題

Q.下列何者是實際存在的古生物？

①偽竹子
②偽松樹
③偽銀杏

答案在下一頁

應該不會飛吧

凱樂肯竊鶴

古生代
中生代
新生代

刻意不飛的巨大鳥

驚奇度
S·A·B·C
A

小知識

代替滅絕的恐龍，不能飛行的駭鳥類君臨食物鏈的頂端，在四面環海、沒有強大肉食性動物的南美大陸，完成了獨自的演化。

答案　③偽銀杏　銀杏的同伴，化石在石川縣被發現。

生物資料

學名	Kelenken	棲息年代	新生代新近紀中新世
棲息地	阿根廷	分類	鳥綱 叫鶴目
體長	3m	體重	230kg
食性	肉食性		

在距今1500萬年前的阿根廷，棲息了名為凱樂肯窺鶴的巨大鳥，推測體長有3公尺、體重超過200公斤。牠們是駭鳥類的同伴，而且還是當中體型最大的物種。

由插圖應該不難想像，牠們沒辦法在空中飛行。不，應該說牠們本來就沒有必要飛行，用粗壯的雙腳追逐來個奮力一踢，或者用巨大的嘴喙奮力一啄就能擊殺獵物。雖然也有可能是如同鬣狗般以腐肉為食，但牠們作為捕食者的地位應該相當得高。鳥類的強項並不是只有飛行而已。

QUIZ 謎題

Q 學名「Kelenken」的由來是？

①南美的精靈

②北美的妖怪

③歐洲的怪物

答案在下一頁

沒有繁盛起來的原始大象

恐象

驚奇度 S·A·B·C
S

下顎長有獠牙

小知識

最先誕生的大象同伴，體重僅約數百公斤、鼻子也如同豬隻般短扁，但後來隨著演化變得巨大，鼻子長長到能夠站著喝水。

答案 ①南美的精靈　登場於原住名神話中長有翅膀的精靈。

生物資料

學名	Deinotherium	棲息年代	新生代新近紀中新世～第四紀更新世
棲息地	歐洲、亞洲、非洲	分類	哺乳類 長鼻目
體長	4m	體重	13000kg
愛好	樹皮、樹葉		

若問看起來像是什麼，的確像是大象，但明顯存在奇怪的部分。恐象這種原始大象的同伴，獠牙並非長在上顎而是長在下顎。

打噴嚏時好像會插到自己，感覺一點都不方便，但學者推測，恐象會巧妙利用這對獠牙剝開樹皮來食用。

即便如此，感覺還是向上的獠牙比較好用。另外，飲食時據說主要是以鼻子來取用。不曉得是不是因為這對奇妙獠牙的緣故，牠們沒有繁盛起來就滅亡了。

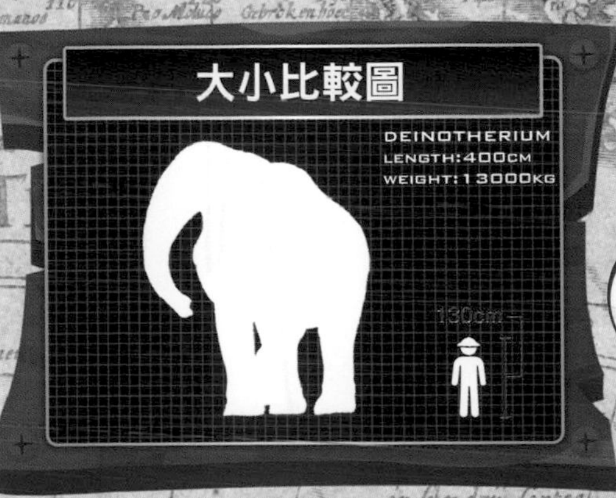

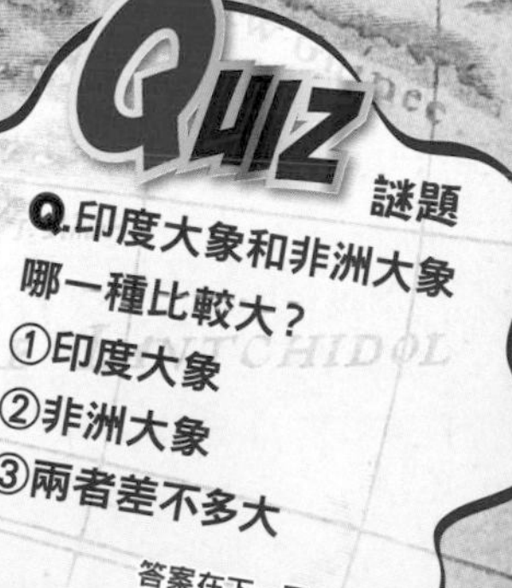

QUIZ
謎題
Q.印度大象和非洲大象哪一種比較大？
①印度大象
②非洲大象
③兩者差不多大
答案在下一頁

松花江猛瑪象

棲息年代	500萬	400萬	300萬	200萬	100萬	0（年前）

→現代

古生代
中生代
新生代

體重14公噸的大型猛瑪象

驚奇度 S◂A◂B◂C

A

生物資料

學名： Mammuthus sungari
棲息年代： 新生代第四紀更新世
棲息地： 歐洲、俄羅斯、中亞
分類： 哺乳綱 長鼻目
體長： 4.5m　**體重：** 14000kg
愛好： 魚類

松花江猛瑪象是猛瑪象中最為大型的物種，推測肩高有4.5公尺、獠牙長可達5公尺。當時的地球氣溫持續下降，其巨大身軀逐漸無法適應環境，宛若與真猛瑪象（Mammuthus primigenius）世代交換般滅絕。

大小比較圖

STEPPE MAMMOTH
LENGTH:450CM
WEIGHT:14000KG

答案　②**非洲大象**　非洲大象的肩高約4公尺；印度大象的肩高約3公尺。

那是什麼牙齒啊！

束齒獸

棲息年代 5000萬 4000萬 3000萬 2000萬 1000萬 0 （年前） ➡現代

謎團重重的日本古生物

驚奇度 S・A・B・C

A

生物資料

學名：Desmostylus

棲息年代：新生代古近紀漸新世～新近紀中新世

棲息地：日本、美國、俄羅斯、墨西哥

分類：哺乳綱 束柱目 **體長：**1.8m

體重：200kg **愛好：**海藻（？）

束齒獸的牙齒真的很奇特，單顆牙齒宛若壽司捲束成細長的圓柱。「竟然有這種生物，世界還真大啊！」讓人感到無限感慨，而牠們的化石最先是發現於日本，可說是代表日本的滅絕動物。

大小比較圖

劍齒虎的最後壓軸

斯劍虎

棲息年代 5000萬 4000萬 3000萬 2000萬 1000萬 0 (年前) → 現代

古生代 中生代 新生代

尾巴短小、犬齒粗長

生物資料

- **學名：**Smilodon
- **棲息年代：**新生代第四紀更新世～全新世
- **棲息地：**南美、美國
- **分類：**哺乳綱 食肉目 貓科
- **體長：**2m **體重：**400kg
- **食性：**肉食性

過去曾經存在名為劍齒虎的貓科肉食性動物，是非常強大的家族，而斯劍虎是該家族最後出現的物種。雖然粗長犬齒長超過20公分、下顎能夠張開120度，但其咬合力並沒有如同外表般強勁，而且似乎也不擅長奔跑。

大小比較圖

謎題 下列何者不是貓科動物？ ①獅子 ②鬣狗 ③豹

古近紀的不良頭目

偉鬣獸

棲息年代	5000萬	4000萬	3000萬	2000萬	1000萬	0	(年前)

➡ 現代

史上最大級的肉齒目

驚奇度

S·A·B·C

B

生物資料

學名：Megistotherium

棲息年代：新生代新近紀中新世

棲息地：埃及、利比亞、肯亞

分類：哺乳綱 肉齒目

體長：3.5m　**體重：**500kg

愛好：腐肉

雖然「肉齒目」已經全數滅絕，但在新生代新近紀，這種肉食性哺乳類的家族曾經繁衍興盛。其中，偉鬣獸以巨大身軀為傲，體長推測有4公尺，但似乎過於龐大而行動遲緩，可能過著翻找屍體的生活。

大小比較圖

MEGISTOTHERIUM
LENGTH:350CM
WEIGHT:500KG

◀答案在P186

爪獸

棲息年代	5000萬	4000萬	3000萬	2000萬	1000萬	0	(年前)

→現代

古生代
中生代
新生代

不要叫我大猩猩

驚奇度
S·A·B·C
S

生物資料

學名：Chalicotherium
棲息年代：新生代新近紀中新世
棲息地：歐洲、中國、印度、肯亞、烏干達、中亞等
分類：哺乳綱 奇蹄目 **體長：**2m
體重：?kg **食性：**草食性

雖然臉部是馬臉，但身體卻不曉得為什麼像是大猩猩。如同大猩猩般用指背在地面上步行，稱為「指關節行走（knuckle walking）」，據說爪獸也是採取這種行走方式。若問「那不就是大猩猩嗎？」實際上卻又不是，牠們跟馬兒一樣屬於奇蹄類。

大小比較圖

CHALICOTHERIUM
LENGTH:200CM
WEIGHT: ? KG

答案 ②鬣狗 鬣狗是食肉目鬣狗科的動物。

與駭人外表的意外落差感

冠恐鳥

棲息年代 7000萬 6000萬 5000萬 4000萬 3000萬 2000萬 (年前) ➡現代

具有如同鸚鵡的鳥喙

驚奇度 S·A·B·C **B**

生物資料

學名：Gastornis
棲息年代：新生代古近紀古新世～始新世
棲息地：北美、歐洲
分類：鳥綱 冠恐鳥形目
體長：2m　**體重**：200～500kg
愛好：種籽

冠恐鳥意外地被認為物種分類接近鴨子，因為顎關節、後腳形狀近似於鴨類。

更令人意外地，牠們似乎是草食性，鳥喙的形狀莫名覺得像是鸚鵡，可能喜歡以植物的種籽為食吧。

大小比較圖

地球與生命的歷史

生物多樣化

持續約40億年的前寒武紀時代結束，邁入寒武紀後，生物一口氣變得多種多樣。如今可見的動物基本型態，大部分都誕生於這個時代。

「魚的時代」的泥盆紀

由於魚類大幅演化，泥盆紀又被稱為「魚的時代」。邁入泥盆紀後期，從魚類演化誕生兩棲類，生物開始由水中向陸地發展。

蕨類植物與昆蟲繁盛

蕨類植物在陸地上形成大森林，以此為住所的昆蟲繁衍興盛。最先向空中發展的生物，也是誕生於這個時代、具有羽翅的昆蟲們。

古生代

前寒武紀	寒武紀	奧陶紀	志留紀	泥盆紀	石炭紀	二疊紀
約46億年前	約5億4100萬年前	約4億8540萬年前	約4億4380萬年前	約4億1920萬年前	約3億5890萬年前	約2億9890萬年前
	奇蝦	房角石	混足鱟	胴殼魚	原直翅蜚蠊	杯喙龍

大滅絕

大滅絕

生命誕生後約40億年，經歷好幾次的生物大滅絕與各種環境變遷，地球上的樣貌是如何變化的呢？這邊就來一口氣回顧吧。

爬蟲類的黃金時代

邁入中生代後，恐龍誕生開始了爬蟲類的黃金時代。在當時的地球，各大陸連結成一個超級巨大的大陸。

恐龍們滅絕

在白堊紀末期，因巨大隕石撞擊地球，造成地球上大多數的生物滅絕，恐龍、翼龍等大型爬蟲類皆消失不見。

邁向哺乳類的時代

代替遭遇滅絕的恐龍，哺乳類開始繁衍興盛。學者推測，我們現存人類（智人：Homo sapiens）誕生於距今30萬年前。

中生代

- 三疊紀　約2億5192萬年前
- 侏羅紀　約2億130萬年前
- 白堊紀　約1億4500萬年前

新生代

- 古近紀
  - 古新世　約6600萬年前
  - 始新世　約5600萬年前
  - 漸新世　約3390萬年前
- 新近紀
  - 中新世　約2300萬年前
  - 上新世　約533萬年前
- 第四紀
  - 更新世　約258萬年前
  - 全新世　約1萬年前～現在

古生物的分類

巨型蟲

地球上的所有生物，是由過去棲息於海中的共同祖先演化而來，再分別陸續增加家族成員。這邊就來介紹粗略的分類吧。

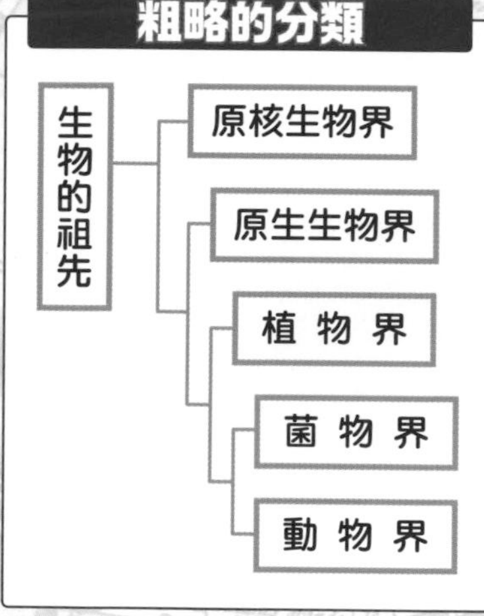

植物

封印木

地球上首度登陸成功的生物。植物原本誕生於水中，在超過4億年前朝向陸地發展，透過光合作用自行製造養分。學者推測，最先登陸的是苔蘚植物的同伴。

- 苔蘚植物
- 裸子植物
- 蕨類植物
- 被子植物

無脊椎動物

地球上首度登陸成功的無脊椎動物。無脊椎動物原本誕生於水中，在超過4億年前朝向陸地發展，以動、植物為食生存，繁衍興盛。

- **節肢動物**

身體覆蓋堅硬的甲殼，如甲殼類、三葉蟲、昆蟲等。

- **軟體動物**

有些物種帶有保護、支撐身體的堅硬甲殼或者外殼，但身體通常都是柔軟的，如烏賊、章魚等。

- 海綿動物
- 葉足動物
- 棘皮動物
- 環節動物
- 刺絲胞動物
- 腕足動物

鱟鱟

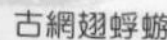
古網翅蜉蝣

脊椎動物

具有脊椎（背脊）的動物。大約5億年前，誕生最初的脊椎動物——魚類，後來逐漸演化成陸上的脊椎動物。

魚　類

最先誕生的脊椎動物。魚類原先在水中生活，後來的肉鰭類家族是人類等四足動物的祖先。

- 無頜類
- 軟骨魚類
- 盾皮魚類
- 輻鰭魚類
- 肉鰭類
- 棘魚類

劍射魚

進化

兩 棲 類

由魚類演化而來的家族。兩棲類具有肺、腳肢，是首度登陸的脊椎動物。

- 斷椎類
- 空椎類
- 無足類
- 無尾類
- 有尾類

等等

始螈

進化

爬 蟲 類

由兩棲類演化而來的家族。根據形態學上的特徵，鳥類也可歸類為同伴。

- 恐龍類

恐龍類可分為鳥臀類和蜥臀類兩大家族。

- 鳥類

鳥類包含於恐龍類當中，是由蜥臀類的同伴演化而來。

- 龜鱉類
- 魚龍類
- 翼龍類
- 滄龍類
- 蛇頸龍類

等等

哈特茲哥翼龍

暴龍

進化

單 弓 類

由兩棲類演化而來的家族。學者推測，人等哺乳類是由單弓類演化而來。

- 哺乳類

在現今地球上，海洋的鯨魚、地下的鼴鼠、空中的蝙蝠等，各種環境都有哺乳類棲息。

- 獸孔類
- 基龍類

等等

冠鱷獸

雕齒獸

◆ 參考資料

『講談社の動く図鑑 MOVE 恐竜 新訂版』(講談社)
『小学館の図鑑 NEO [新版] 恐竜』(小学館)
『小学館の図鑑 NEO 大むかしの生物』(小学館)
『小学館の図鑑 NEO [新版] 動物』(小学館)
『小学館の図鑑 NEO [新版] 魚』(小学館)
『小学館の図鑑 NEO [新版] 昆虫』(小学館)
『小学館の図鑑 NEO [新版] 両生類・はちゅう類』(小学館)
『学研の図鑑 LIVE 古生物』(学研プラス)
『ニューワイド 学研の図鑑 大昔の動物』(学研教育出版)
『ニューワイド 学研の図鑑 動物』(学習研究社)
『わけあって絶滅しました』今泉忠明監修　丸山貴史著 (ダイヤモンド社)
『オールカラー 謎の絶滅生物 100』川崎悟司著 (廣済堂出版)
『オールカラー完全復元 絶滅したふしぎな巨大生物』川崎悟司著 (PHP 研究所)
『絶滅した奇妙な動物』川崎悟司著 (ブックマン社)
『日本の絶滅古生物図鑑』宇都宮聡、川崎悟司著 (築地書館)
『へんな古代生物』北園大園著 (彩図社)
『絶滅どうぶつ図鑑 拝啓 人類さま ぼくたちぜつめつしました』ぬまがさワタリ著 (パルコ)
『昆虫は最強の生物である 4億年の進化がもたらした驚異の生存戦略』スコット・リチャード・ショー著 (河出書房新社)

PROFILE

田中源吾 (Tanaka Gengo)

1974年出生，金澤大學國際基幹教育院助教。島根大學、靜岡大學畢業後，成為京都大學理學研究科研究機關研究員，經歷群馬縣立自然史博物館學藝課主任學藝員、海洋研究開發機構研究技術專任人員、熊本大學沿岸域環境科學教育研究中心特任副教授後，擔任現職，進行層位、古生物學的研究。監修的書籍有《海洋生命5億年史 鯊魚帝國的逆襲》(文藝春秋)、《彩色圖解 古生物們的奇妙世界 繁榮與滅絕的古生代3億年史》(講談社)、《你考古了嗎？寒武紀的奇妙生物們》(NHK出版)等等。

TITLE

怕！超巨大滅絕生物圖鑑

STAFF

出版	瑞昇文化事業股份有限公司
作者	田中源吾
譯者	丁冠宏
總編輯	郭湘齡
責任編輯	蕭妤秦
文字編輯	張聿雯
美術編輯	許菩真
排版	執筆者設計工作室
製版	明宏彩色照相製版有限公司
印刷	龍岡數位文化股份有限公司
法律顧問	立勤國際法律事務所　黃沛聲律師
戶名	瑞昇文化事業股份有限公司
劃撥帳號	19598343
地址	新北市中和區景平路464巷2弄1-4號
電話	(02)2945-3191
傳真	(02)2945-3190
網址	www.rising-books.com.tw
Mail	deepblue@rising-books.com.tw
本版日期	2023年1月
定價	350元

ORIGINAL JAPANESE EDITION STAFF

執筆	齋藤正太（ユニ報創）
イラスト	川崎悟司
デザイン	杉本龍一郎（開発社）
編集	藤本晃一（開発社）
編集部	服部梨絵子
進行	柳沢誠一郎（開発社）
校正	文字工房燦光
DTP製作	明昌堂

國家圖書館出版品預行編目資料

怕!超巨大滅絕生物圖鑑/田中源吾監修；旭屋出版編輯部編著；丁冠宏譯. -- 初版. -- 新北市：瑞昇文化事業股份有限公司, 2021.07
190面；14.8 x 21公分
ISBN 978-986-401-498-9(平裝)

1.古生物學

359　　110008237

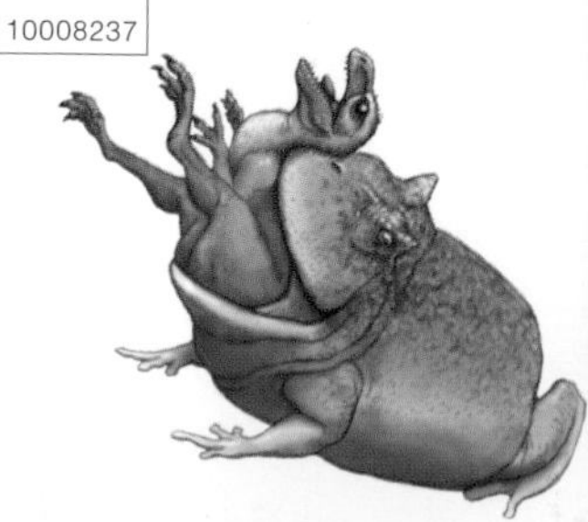